Nevin Çankaya

Aril Gruplu Metakrilat Monomerinin Atom Transfer Radikal Polimerizasyonu

Nevin Çankaya

Aril Gruplu Metakrilat Monomerinin Atom Transfer Radikal Polimerizasyonu

Türkiye Alim Kitapları

Impressum / Yayınevi adı
Bibliografische Information der Deutschen Nationalbibliothek: Die Deutsche Nationalbibliothek verzeichnet diese Publikation in der Deutschen Nationalbibliografie; detaillierte bibliografische Daten sind im Internet über http://dnb.d-nb.de abrufbar.

Deutsche Nationalbibliothek tarafından yayınlanan bibliyografik bilgiler: Deutsche Nationalbibliothek, bu yayını Deutsche Nationalbibliografie'de listeler; detaylı bibliyografik bilgi İnternet'te http://dnb.d-nb.de sitesinde mevcuttur.

Coverbild / Kitap kapağı resmi: www.ingimage.com

Verlag / Yayıncı:
Türkiye Alim Kitapları
ist ein Imprint der / yayınevinin bir ticari markasıdır
OmniScriptum GmbH & Co. KG
Heinrich-Böcking-Str. 6-8, 66121 Saarbrücken, Deutschland / Almanya
Email / E-posta: info@turkiye-alim-kitaplary.com

Herstellung: siehe letzte Seite /
Basım yeri: son sayfaya bakın
ISBN: 978-3-639-67248-0

ARİL GRUPLU METAKRİLAT MONOMERİNİN ATOM TRANSFER RADİKAL POLİMERİZASYONU

Nevin ÇANKAYA

ÖZET

ARİL GRUPLU METAKRİLAT MONOMERİNİN ATOM TRANSFER RADİKAL POLİMERİZASYONU

Nevin ÇANKAYA

Fenoksikarbonil metilmetakrilat (PCMMA) ile metil metakrilat (MMA)'ın homo ve kopolimerizasyonu etil, 2-bromoasetat, bakır(I)bromür ve ligand olarak 2,2'-bipiridin varlığında kütle ortamında 110 °C de yapıldı. Ayrıca PCMMA'ın serbest radikalik polimerizasyonu 1,4-dioksan ortamında 2,2'-azobis(isobutironitril) başlatıcısı yanında 60 °C de gerçekleştirildi.

Homo ve kopolimerler IR, ^{1}H ve ^{13}C NMR teknikleriyle karakterize edildi. Kopolimer bileşimleri ^{1}H-NMR spektrumlarından hesaplandı ve kopolimer bileşimi %11 den %89'a kadar değişti (PCMMA birimlerine göre). Poli(PCMMA) [Mn=32700, PD=1.53] makrobaşlatıcıyla etilmetakrilat'ın Atom Transfer Radikal Polimerizasyonu A-B tipi blok kopolimeri verdi. Molekül ağırlıkları ve molekül ağırlığı dağılımları Jel Geçirgenlik kromatografisi (GPC) ile belirlendi. Yaşayan blok kopolimer için (kopolimerde molce %65PCMMA) polidispersite 1.66 dır. Kopolimerizasyon sisteminde monomer reaktivite oranları hem Kelen-Tüdös hem de Fineman-Ross eşitlikleri kullanılarak hesaplandı. Polimerlerin camsı geçiş sıcaklıklar (Tg) Diferensiyal Termal Analiz (DTA) tekniği kullanılarak ölçüldü. Elde edilen kopolimer ve homopolimerlerin termal bozunma sıcaklıkları TGA ile belirlendi. Azalan MMA birimlerince polimerin kararlılığının azaldığı anlamına gelen kopolimerde artan PCMMA birimlerince termal bozunma sıcaklığının azaldığı görüldü.

Keywords: ATRP, kopolimerizasyon, serbest radikalik polimerizasyon, monomer reaktivite oranı

ABSTRACT

ATOM TRANSFER RADICAL POLYMERIZATION OF METHACRYLATE MONOMER WITH ARYL GROUP

Nevin ÇANKAYA

The atom transfer radical homo- and copolymerization of phenoxy carbonyl methyl methacrylate (PCMMA) with methyl methacrylate (MMA) was performed in bulk at 110 °C in the presence of ethyl 2-bromoacetate, cuprous bromide (CuBr), and 2,2'-bipyridine. Also, free-radical polymerization of PCMMA was carried out in the presence of 2,2'-azobisisobutyronitrile in 1,4-dioxane solvent at 60°C. The homo and copolymers were characterized by IR, ^{1}H and ^{13}C NMR techniques. The compositions of the copolymers were calculated from ^{1}H NMR spectra. The situ addition of ethylmethacrylate to a macroinitiator of poly(phenoxy carbonyl methyl methacrylate)[Mn=32700, PD=1.53] afforded an AB-type block copolymer. The molecular weight and molecular weight distribution were obtained by Gel Permeation Chromatography (GPC). The polydispersity for the living copolymer (65%PCMMA units by mole) were 1.66. For copolymerization system, their monomer reactivity ratios were obtained by using both Kelen-Tüdös and Fineman-Ross equations. The Tg measurements were carried out by Differential Thermal Analysis (DTA) technique. The thermal decomposition temperatures of homo- and copolymers were measured by TGA technique. The initial decomposition temperatures of the resulting copolymers decreased with increasing mole fraction of PCMMA in them which indicates that heat resistance of copolymer have been improved by decreasing MMA units.

Keywords: ATRP, Copolymerization, free-radical polymerization, monomer reactivity ratio

TEŞEKKÜR

Bu araştırmanın 2002-2005 yıllarında planlanmasında ve yürütülmesinde, çalışmalarım süresince benden destek ve ilgisini esirgemeyen, bilgi ve hoşgörülerinden yararlandığım Hocalarım Prof. Dr. Kadir DEMİRELLİ' ve Prof. Dr. Mehmet COŞKUN'a sonsuz saygı ve şükranlarımı sunarım. Çalışmalarımda, FUBAP-1063 nolu proje kapsamında finansal destek sağlayan FUBAP'a teşekkürü bir borç bilirim.

Ayrıca sabır ve desteklerinden dolayı eşim İbrahim Halil ÇANKAYA'ya ve oğlum Muhammet Gökhan ÇANKAYA'ya sonsuz teşekkürler.

Nevin ÇANKAYA

İÇİNDEKİLER

ŞEKİLLER LİSTESİ

TABLOLAR LİSTESİ

ŞEMALAR LİSTESİ

Sayfa No

1.GİRİŞ

Radikal polimerizasyonu, plastik, kauçuklar ve elyaf gibi polimerik materyalleri hazırlamak için sanayide kullanılan en yaygın bir metottur [1]. İyonik ya da koordinasyon polimerizasyonuna göre çok sayıda avantajları vardır: çok sayıda vinil monomerler polimerleştirilmiş ya da kopolimerleştirilmiştir. Reaksiyon şartları sadece oksijensiz bir ortamı gerektirir. Süspansiyon veya emülsiyon polimerizasyonunda olduğu gibi kullanılan su veya diğer safsızlıklar ortam için tehdit edici değildir ve reaksiyon sıcaklığı 0 ^{o}C den 130 ^{o}C'ye kadar uygun sıcaklık aralığını oluşturur. Geleneksel radikal polimerizasyonun önemli dezavantajlarından biri polimer yapısı üzerinde kontrolü sağlayamamaktır. Yavaş başlama, hızlı çoğalma, transfer ya da genellikle sonlanmadan dolayı yüksek molekül ağırlıklı ve yüksek polidispersiti polimerleri oluşturur. Bu durum hazırlanan polimerlerin fiziksel ve mekaniksel özelliklerini etkiler. Bu özellikleri değiştirmek ya da geliştirmek için random kopolimerizasyon geleneksel olarak kullanılır.

İyonik polimerizasyon metotlarının gelişimi, iyi kontrollü zincir uç fonksiyonelli polimerlerin hazırlanması, iyi tanımlanan blok ya da graft kopolimerlerin hazırlanmasına imkân sağladı [2-4]. Buna rağmen bu polimerizasyonlar tamamen nemsiz bir ortamda ve çok düşük sıcaklık şartlarında yapılmak zorundadır. Üstelik sınırlı sayıda monomerler kullanılabilir ve monomerdeki fonksiyonellerin varlığı polimerizasyon sırasında istenmeyen yan reaksiyonlara da neden olabilir. İyi tanımlanabilen homopolimer ve kopolimerler sentezlemek için uygun yeni bir yöntem kontrollü radikal polimerizasyonudur [5-7]. Bu alanda molekül ağırlığı ve uç fonksiyonları kontrol etmek için birkaç yöntem geliştirilmiştir: Bunlar, iniferters [8,9], nitroksitler[10-18], kobalt'a dayalı sistemler [19], alkil iyodürlerle dejeneratif transfer[20-22], son zamanlarda geliştirilen RAFT yöntemi [23], Ru-[24] ve Ni ortamlı polimerizasyonlar. Buna rağmen en başarılı metotlardan biri bakır halojenür/azot içerikli ligand katalist sistemine dayalı atom transfer radikal polimerizasyonudur[25,26]. Bu kontrollü radikal polimerizasyonla, stirenler [27-28], akrilatlar[29] ve metakrilatlar [30,31] gibi geniş bir monomer aralığı polimerleştirilebilir.

ATRP kontrollü ya da yaşayan bir radikal polimerizasyonu olduğundan harcanan monomerin başlatıcıya oranıyla iyi tanımlanabilen polimerler elde edilir, $DP_n = \Delta[M]/[I]$, polidispersitiler genellikle ($M_w/M_n<1.3$)'dır. Mekanizmasından dolayı, ATRP daha kesin bir şekilde kontrol edilebilen polimerlerin hazırlanmasını sağlar ve birçok yeni materyaller sentezlenmiştir[32]. Polimerin topolijisini değiştirerek (lineer, dallanmış, hiperdallı, star ..)

ya da polimer zincirlerin bileşimini (statistiksel/gradient kopolimer, blok kopolimer, graftlar ...) değiştirerek yeni materyaller yapılabilir[2-4]. Üstelik bu prosesle kullanılan başlatıcıdan yola çıkıldığında polimerlerin uç grupları iyi tanımlanır. Fonksiyonel gruplar içeren çeşitli başlatıcılar kullanıldığından uç fonksiyoneller kolaylıkla birleştirilebilir .

1.1. Homopolimer ve Kopolimer

Homopolimerler, tek bir cins monomerin polimerleşmesiyle elde edilen polimerlerdir. Mesela, polietilen, polipropilen, polistiren, polivinil klorür gibi polimerler homopolimerlerdir.

Kopolimerler, iki veya daha fazla cinsten olan monomerlerin beraberce polimerleşmesinden oluşan polimerlerdir[2-4]. Bunlar, monomerlerin diziliş sırasına göre dörde ayrılırlar. Örneğin, A ve B iki aynı cins monomer olmak üzere;

1. iki aynı cins monomerin zincir boyunca dağınık sıralanmasıyla oluşmuş kopolimer:

A-B-A-A-A-B-B-B-A-A

2. A ve B monomerlerinin polimer zinciri boyunca ardarda düzenlenerek oluşturduğu polimerler:

A-B-A-B-A-B-A-B-A-B

3. Blok kopolimerler, yani A m
onomerinden oluşmuş polimer bloklarının B monomerlerinden oluşmuş polimer bloklarına bağlı olarak meydana gelen polimerlerdir.

A-A-A-A-A-B-B-B-B-B

4. Blok kopolimerleşmenin özel bir şekli de Aşı Polimerizasyonu'dur. A monomerlerinden oluşan makromolekül zincirine, B monomerlerinden oluşmuş oligomerlerin aşılanmasıdır. Böylece "dallı kopolimer" meydana gelir.

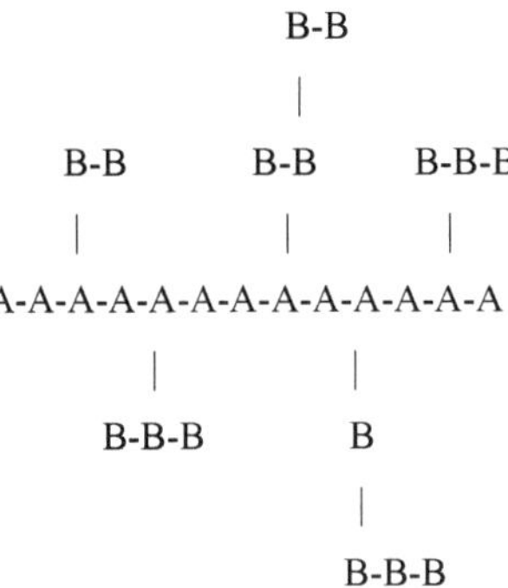

1.2. Polimerlerin Sınıflandırılması

Polimerler, çeşitli özelliklere sahip oldukları için sınıflandırma farklı şekillerde yapılabilir. Bunlardan en önemlileri aşağıdaki gibidir.

a) Doğada bulunup bulunmamasına ve sentez biçimine göre (doğal - yapay)

b) Organik ve inorganik olmalarına göre (organik - inorganik polimerler)

c) Molekül ağırlığına göre (oligomer, makromolekül)

d) Isısal davranışlarına göre polimerler (termoplastik - termosetting)

e) Sentezleme tepkimesine göre (basamaklı - zincir)

f) Zincir kimyasal ve fiziksel yapısına göre (lineer, dallanmış, çapraz bağlı, kristal-amorf polimerler)

g) Zincir yapısına göre (homopolimer - kopolimer)

1.3. Polimerizasyon Reaksiyonları

Monomerlerin polimerlere dönüştürülmesi iki yolla yapılır.

1. Kondenzasyon Polimerizasyonu
2. Katılma Polimerizasyonu

a) Serbest Radikal Katılma Polimerizasyonu

b) İyonik (Anyonik ve Katyonik) Katılma Polimerizasyonu

c) Kontrollü Radikalik Polimerizasyonu(CRP)

1.3.1 Serbest Radikal Polimerizasyonu

Serbest radikal ya da radikal, bir ya da daha çok sayıda çiftleşmemiş elektron ihtiva eden atom ya da atom gruplarına denir. Radikaller pozitif ya da negatif yük taşımamalarına karşın, ortaklanmamış elektron ve tamamlanmayan oktetden dolayı çok etkin taneciklerdir. Radikaller yüksek enerjili, çok etkin, kısa ömürlü, izole edilemeyen ara ürünlerdir.

Radikal katılma polimerizasyonu başlama, gelişme (büyüme) ve sonlanma adımlarını ihtiva eden bir zincir reaksiyonudur. Reaksiyon bir radikal başlatıcı yardımıyla yapılır.

1.3.3.1. Başlama basamağı

Radikal başlatıcı, bir monomerle reaksiyona girerek aktif bir merkez oluşturur. Bu merkez aktivitesini yeterli bir süre muhafaza ederek bir polimer zincirinin oluşmasını sağlar. [I] bir başlatıcı molekülünü göstermek üzere başlama reaksiyonu,

$$I \xrightarrow{k_i} 2\,R\bullet$$

$$R\bullet + M \xrightarrow{k_p} RM\bullet$$

şeklinde olur. Burada I ve R• ; sırasıyla başlatıcı ve radikali, M ve RM• ; sırasıyla monomer ve radikali, k_i ve k_p de ilgili hız sabitleridir. İlk radikalin oluşum hızı; $r_i = 2\,k_i\,[I]$ ve ilk polimerik radikalin oluşum hızı ise; $r_p = k_p\,[R\bullet]\,.\,[M]$

1.3.3.2. Gelişme Basamağı

Bir serbest radikalin bir monomer molekülü ile tepkimeye girmesinden aktif merkez oluşur. Monomerin hızlı bir şekilde aktif merkeze katılmasıyla lineer bir polimer zinciri ortaya çıkar.

$$R\bullet + M \xrightarrow{kp} RM_1\bullet$$

$$RM_1\bullet + M \xrightarrow{kp} RM_2\bullet$$

……………………........

……………………......

………………………

$$RM\bullet_{(n-1)} + M \xrightarrow{kp} RM_n\bullet$$

Büyüyen bir aktif zincirin ortalama ömrü çok kısadır. Bin monomer içeren bir zincir 10^{-2} - 10^{-3} saniyede oluşur.

Stiren 373°K'de sıcaklığın etkisiyle kendi kendine polimerleşir. 1650 monomerli bir zincirin 1.24 saniyede oluştuğu hesaplanmıştır.

1.3.3.3. Sonlanma Basamağı

Radikaller, bimoleküler tepkime ile sonlanırlar. Çünkü radikallerin radikal karekterinin giderilmesi, ortaklanmamış elektronların başka bir elektronla ortaklanmasıyla sağlanır. Bu bakımdan sonlanma olayına iki aktif merkezin katılması gerekir. Radikallerin sonlanması yani iki tek elektronun ortaklanması ya "kombinasyonla" veya "disproporsiyonasyonla" olur.

$$R'-CH_2-\underset{X}{\underset{|}{CH^\bullet}} + R''-CH_2-\underset{X}{\underset{|}{CH^\bullet}} \xrightarrow{ktc} R'-CH_2-\underset{X}{\underset{|}{CH}}-\underset{X}{\underset{|}{CH}}-CH_2-R''$$

Eğer bir hidrojen atomu bir radikalden ötekine geçer ve iki polimer zincirinden birinin ucunda olefinik çift bağ, ötekinde de doymuş bir bağ meydana gelirse 'disproporsiyonasyon sonlanma' olur. Bu tip sonlanma ile iki polimer molekülü meydana gelir.

$$R'-CH_2-\underset{X}{\underset{|}{CH^\bullet}} + {}^\bullet\overset{H}{\overset{|}{\underset{X}{\underset{|}{C}}}}-CH_2-R'' \xrightarrow{ktd} R'-CH=\overset{H}{\overset{|}{\underset{X}{\underset{|}{C}}}} + R''-CH_2-\overset{H}{\overset{|}{\underset{X}{\underset{|}{C}}}}-H$$

Burada R' ve R" çok sayıda yinelenen birim içeren polimerik zinciridir.

Kombinasyonla sonlanmada oluşan her polimer molekülünün, başlatıcıdan gelen iki tane son grup taşımasına karşı, disproporsiyonla sonlanmada, her polimer molekülü başlatıcıdan bir tane son grup bulundurur. Genel olarak bir polimerleşme olayında her iki sonlanma da beraberce cereyan eder. Fakat bunlardan hangisinin daha baskın olduğu, her iki tepkimenin etkinleşme enerjileri farkı ve sıcaklık ile belirlenir.

Bunlardan farklı olarak aşağıdaki sonlanma çeşitleri de görülebilir.

1) Bir aktif büyüyen zincirin, başlatıcı radikali ile reaksiyona girmesiyle olan sonlanma,

2) Zincir transfer reaksiyonu ile olan sonlanmalar;

- Monomere Transfer
- Polimer zincirine transfer
- Başlatıcıya transfer
- Çözücüye transfer şeklinde olabilir.

3) Safsızlıklarla sonlanma

1.4. Kontrollü Radikal Polimerizasyonu (CRP)

Polimer kimyasında kontrollü/yaşayan polimerler büyük öneme sahiptir. Yaşayan/kontrollü polimerizasyon şu kriterlere uymalıdır.

- Tüm monomerler tükense bile ürün polimerinde aktif uç olmalı.
- Molekül ağırlığı (Mn), dönüşüm ile doğru orantılı olmalı. Monomer ilave edildiğinde tekrar polimerleşme olmalı ve mol ağırlığı artmalı.
- Polimerlerin molekül ağırlığı reaksiyon stokimyametrisi ile kontrol edilebilmeli.
- Dar molekül ağırlığı dağılımına sahip polimerler üretilebilmeli.
- İkinci monomer ilavesi ile blok kopolimer hazırlanabilmeli.

Son yıllarda yeni kontrollü /yaşayan polimerlerin sentez yöntemleri geliştirilmiştir (CRP). Polimer kimyasında kontrollü/yaşayan polimerler büyük öneme sahiptir. Son yıllarda daha etkin kontrollü/yaşayan serbest radikal polimerizasyon yöntemleri geliştirilmiştir. [33-35;5-7]

Başlıca kontrollü radikal polimerizasyon (CRP) yöntemleri şunlardır:

- Atom Transfer Radikal Polimerizasyonu (ATRP)[25-26]

- Tersinir İlave Kırılma Zincir Transfer (RAFT) Polimerizasyonu[23]
- Kararlı Serbest Radikal Polimerizasyonu(SFRP)
- Nitroksit Ortamlı Polimerizasyonu [24]
- Dejeneratif Transfer (DT) Polimerizasyonu

1.4.1. Atom Transfer Radikal Polimerizasyonu (ATRP)

ATRP ile ilgili çalışmalar 1995 yılından sonra yoğunlaşmıştır. Başlatıcı olarak aktif halojen bileşikleri kullanılmaktadır. Bu başlatıcılar bir katalizörle birlikte etkindirler. Katalizör olarak da iki yükseltgenme basamağına sahip ve bu yükseltgenme basamakları arasındaki geçişlerin radikallerle olabildiği metallerin bazı ligandlarla verdiği komplekslerdir. Bu amaçla kullanılan metaller Cu, Fe, Ru, Ni, Pd ve Pt dir. İlk ikisi belki de ucuzluğundan dolayı daha yaygın kullanılmaktadır. Bunların CuBr, CuCl, ve $FeCl_2$ bileşikleri kullanılmaktadır. Cu bileşikleri için daha çok tersiyer amin türü bileşikler ligand olarak Fe bileşikleri için süksinik asit izofitalik asit, iminodiasetik asit gibi bileşikler kullanılmaktadır.

Metal / ligand (M_t^n-X / L) kompleksi katalizörlüğünde çeşitli monomerlerin atom transfer radikal polimerizasyonun nasıl yürüdüğü aşağıda şematik olarak gösterilmiştir. M_t^n-X / L kompleksi başlatıcıdan bir halojeni radikal olarak koparır ve halojen radikaline elektron vererek bağladığı için kompleksdeki metal yükseltgenir. X-M_t^{n+1}-X / L kompleksi oluşur. [33-34].

$$\sim\sim P_m - X \;+\; M_t^n X / L \;\underset{k_d}{\overset{k_a}{\rightleftharpoons}}\; \sim\sim P_m^{\bullet} \;+\; M_t^{n+1} X_2 / L \qquad (P_m^{\bullet} \xrightarrow{+M,\; k_p})$$

Şema 1.1. Çeşitli monomerlerin ATRP mekanizması

Halojeni kaybeden alkil halojenür bileşiği bir alkil radikali oluşturur. Bu basamağa aktivasyon basamağı denir. Polimerizasyonun başlarında bu basamakta başlatıcı tükenmelidir. Bu alkil radikali ortamda bulunan monomere katılarak polimerizasyonu başlatır[35]. Birkaç monomeri kattıktan sonra bu monomerik radikal X-Cu- II / L kompleksinden tekrar halojeni kopararak aktifliğini kaybeder. Bu basamağa da deaktivasyon basamağı denir. Halojeni radikalik olarak kaydeden kompleksteki metal önceki elektronu geri aldığı için tekrar indirgenerek Cu-I /L kompleksine dönüşür. Birkaç monomer katarak halojeni alıp aktifliğini kaybetmiş olan türlerden Cu-I/L Kompleksinin tekrar halojeni önceki gibi koparak monomerik ucu aktifleştirmesiyle tekrar monomer katmaya devam eder. Reksiyon, aktivasyon, monomer katma ve deaktivasyon basamakları üzerinden monomer bitinceye kadar devam eder. Atom transfer radikal polimerizasyonunda geleneksel radikal polimerizasyonundaki gibi sonlanma reaksiyonları yok denecek kadar azdır. Polimerik radikallerin en fazla % 10 kadarının sonlanma ile ortadan kalkabileceği ile ilgili bilgiler elde edilmiştir. Buna göre elde edilen polimer reaksiyon ortamındaki deaktive olmuş türlerdir. Bunlar aktif halojen taşıdıkları için her an bir başaltıcı gibi etki ederek yeni monomer katma özelliğine sahiptirler. Bu nedenle bu tür polimerlere yaşayan polimer denir. Bu yolla elde edilen polimerlerin zamanla ortalama molekül ağırlıkları artar ve başlatıcı polimerizasyonun başında tükenip monomer katmağa başladığı için yaklaşık bütün zincirler kısa bir zaman aralığında büyümeye başlar. Sonlanma da olmadığı için polimerik zincir boyları birbirine yakındır, yani oluşan polimerin molekül ağırlığı dağılımı dar, heterojenlik indisi küçük olur (H.I. = 1,05-1,7). Teorik olarak

$$DP = \Delta [M]/ [I]_0$$

yazılabilir. Burada Δ [M], dönüşen monomer derişimi , $[I]_0$ başlangıçtaki başlatıcı derişimidir.

Atom transfer radikal polimerizasyon yöntemi kullanılarak random, blok, graft, star[2-4] gibi çeşitli bileşenli ve topolojik yapılı kopolimerlerin hazırlanması ve belirlenmesinde başarılı bir şekilde kullanılmış, monomerlerin uç fonksiyonaliteleri çok iyi bir şekilde kontrol edilebilmiştir.

1.4.2. ATRP'de Kullanılan Bileşikler

1.4.2.1. Monomerler

Çeşitli monomerler, ATRP yöntemi ile başarılı bir şekilde polimerleşir. Üretilen radikalleri oluşturan sübstitüentlere stiren, metilakrilat, metilakrilamit, dienler, akrilonitril ve diğer monomerler örnek verilebilir. Halka açılma polimerizasyonu da muhtemeldir. Son zamanlarda kullanılan kataliz sistemi, düşük aktiviteye sahip α-olefin, vinil klorür ve vinilasetat gibi monomerlerin polimerleşmesinde yeterli değildir. Kopolimerizasyon reaksiyonlarında da başarı elde edilmiştir [34]. ATRP'de en çok kullanılan monomerler stiren ve metilmetakrilat türevleridir. .

1.4.2.2. Başlatıcılar

Başlatıcı etkisi ATRP'nin başarısı için önemlidir. Çünkü başlatıcı başlatılan zincirlerin sayısını tayin eder. Başlama adımında organik halojenür R-X'den halojenür ayrılarak geçiş kompleksine geçer. Aktarılan atomla R* radikali oluşur ve bunu alkene katılma izler. Sonra geçiş metalinden bir ürün radikale son ürünü oluşturmak için geriye transfer olur.

R - X

$R^{\bullet}$

Y

m_t^n

$m_t^{n+1}X$

K_a

R X

Y

R

Y

Şema 1.2. Atom transfer radikal katılma

Uygun başlatıcılar başlama hız değerinin büyüme hız değerinden daha büyük olmasına ihtiyaç duyar. Ayrıca yan reaksiyonlara izin vermemelidir. Ayrılan X ve R alkilin arasındaki R-X bağının P_n-X bağından zayıf olması gerekir. ATRP'de başlatıcının hızlı olması istenir. Genellikle indüktif ve rezonans stabil sübstitüentlerle alkil halojenür R-X'ler

ATRP için iyi başlatıcılardır. Aslında bu ana hat MMA'ın polimerizasyonunda ispatlandığı gibi tersiyer radikaller için genellikle ele alınmaz. ATRP mekanizması doğasında bir polimer zinciri ucunda R alkil grubu diğer ucunda halojenin olmasıdır. Fonksiyonel polimerler hazırlamak için kesin yol fonksiyonel gruplar içeren başlatıcılar kullanmaktır.

ATRP kataliz sistemiyle reaktif olabilen halojen grup sonlu polimer zincirleri makro başlatıcı olarak da kullanılabilir. Bu şekilde blok ve graft polimerler sentezlenmiştir. Sadece ATRP ile hazırlanan polimerler değil uygun geleneksel polimerler veya diğer polimerizasyon teknikleriyle oluşturan polimerler de makro başlatıcı olarak kullanılmıştır. Örneğin katyonik olarak polimerize edilen klorür zincir sonlu polistiren bir B segment metakrilatla AB tipi blok kopolimer hazırlamak için kullanılmıştır [36].

Diğer örnekler inorganik ve organik polimerlerin bileşimini içerir. Geleneksel uygun difonksiyonel polimetilsiloksan (DMS) zincir sonuna benzil klorür bağlanarak modife edilmiş ve bir termoplastik elastomer ürün veren bir poli DMS merkez blok ve polistiren terminal bloklarından oluşan triblok kopolimer yapılmıştır [37]. Benzer olarak asılı benzil klorür grupları ile poli DMS graft kopolimerler hazırlamak için kullanıldı [39].

Türevlenen siklodekstrin MMA'ın polimerizasyonunu başlatmak için kullanılmış sonuç olarak heterojenlik indisi 1.89, molekül ağırlığı 61.200 olan 21 kollu yıldız polimer oluşmuştur.

En çok kullanılan başlatıcılar organik peroksitler ve azo bileşikleridir. Radikalik başlatıcılar şunlardır:

a. Benzoil peroksit : Benzoil peroksit 60°C'de ısıtılınca iki radikal verir.

b. Azo-bis-izobütironitril (AIBN) : 60-70°C arasında ısıtılınca iki radikal verir.

c. Dikümil peroksit,

d. N - Nitrosoakrilanilit,

e. p-Brombenzen diazo hidroksit,

f. Trifenilmetil azobenzen,

g. Tetrafenil süksinonitril,

h. Persülfatlar.

1.4.2.3. Ligandlar

Metal ve ligandlar atom transfer dengesinde doğal olarak birbirine bağlıdır. Genellikle daha fazla elektron vererek metalin yükseltgenmesin sağlayan ligandlar polimerleşmeyi de hızlandırır [33].

Genellikle metalin çevresini saran ve alkil halojen radikalinin yaklaşmasını engelleyen ligandlar ATRP için zayıf ligandlardır. Geniş çaplı kullanılan ligandlar ve türevleri: 2,2-bipiridin ve azot bağlı ligandlar örneğin N, N, N^{I}, N^{II},N^{II} pentametil dietilen etil amin (PMDETA), tetrametil etilen daimin (TMEDA), 1,14,7,10,10-hekzametiltrietilentetraamin (HMTETA), tris [2-diametilamino etil amin (Me-TERN)] ve alkil piridil metanimin kullanılır [35].

1.4.2.4. Katalizörler

ATRP'de, atom transfer dengesinin sağlanabilmesi için ATRP'nin kilit noktasını teşkil etmektedir. Bu nedenle atom transfer radikal polimerizasyonun en önemli öğesi katalizörlerdir denebilir. Bir geçiş metal katalizörünün etkili olabilmesi için gerekli olan birkaç husus vardır.

1. Metal merkez, bir elektron tarafından kolayca ulaşılabilir en az iki oksidasyon basamağına sahip olmalıdır.
2. Metal merkezin bir halojene karşı ilgisi olmalıdır.
3. Metalin koordinasyon küresi, oksidasyon sonucunda bir halojen barındırabilecek kadar yeterince geniş olmalıdır.
4. Ligand, metal ile güçlü bir kompleks oluşturmalıdır.

Bakır esaslı ATRP'de ligand olarak genelde çift dişli bir ligand olan bipiridin (bpy) kullanılmaktadır. Hızlı deaktivasyonu sağlamak ve CuBr'ün bipiridin ile olan çözünürlüğünü artırmak için alkil dallanmış bipiridinler de kullanılabilmektedir. Bu çok düşük heterojenlik indisli polimerlerin oluşumunu sağlamaktadır ($M_w/M_n < 1.1$). Piridiniminler ve fenantrolinler gibi diğer çift dişli ligantlar ile pentametildietilentriamin (PMDETA) ve permetillenmiş tetraminler gibi çok dişli ligantlar da benzer olarak kullanılabilmektedir.

Günümüzde bakır esaslı ATRP halen en önemli katalist sistem olarak görülmesine rağmen Ru, Fe, Ni, Pd ve Pt gibi diğer geçiş metalleri de başarıyla kullanılmaktadır.

1.4.2.5. Çözücü

Radikal polimerizasyon çözücü etkilerine iyonik reaksiyonlardan daha az duyarlıdır. Bununla beraber, katalizörün yapısı ve reaktivitesi çözücü tarafından kuvvetle etkilenir. Örneğin, etilen karbonat gibi polar katıların önemli etkisinin olduğu belirlenmiştir. Ayrıca dimetil formamit CuBr / bpy sistemlerini homojenleştirir. Bazı katıların katalizörün tabiatı ve reaktivitesini, özel çözme mekanizmasıyla, kuvvetle etkileyebilmesi beklenir.

Su hem homojen hem de heterojen şartlar altında kullanılabilir. Her iki halde de uygun katalizör sistemi kullanılmalıdır. Aktive edici ve deaktive edici monomerin çokca bulunduğu ve polimerizasyonun da olduğu uygun derişimlerde olmalıdır.

1.4.2.6. Molekül Ağırlık Dağılımı

Molekül ağırlık dağılımı veya polidispersite(M_w/M_n), polimer zincir uzunluğu dağılımı ile endekslidir. İyi kontrollü bir polimerizasyonda M_w/M_n değeri genellikle 1.10'dan daha düşüktür. ATRP'de heterojenlik indisi aşağıdaki eşitlik ile tanımlanır.

$$M_w/M_n = 1 + [([RX]_0 . k_p) / (k_{deact} . [D])] . (2/p - 1)$$

$[RX]_0$ = Başlatıcının derişimi

[D] = Deaktivatörün derişimi

k_p = Çoğalma hız sabiti

k_{deact} = Deaktivasyon hız sabiti

p = Monomer dönüşümünü göstermektedir.

Aynı monomer için büyüyen zinciri daha hızlı deaktive eden bir katalizörün kullanılması halinde, düşük polidispersiteli polimerler elde edilebilir(k_p / k_{deact} küçük olduğu için). Buna alternatif olarak, daha yavaş polimerizasyon hızlarında deaktivatörün konsantrasyonun yükselmesiyle de polidispersite düşmektedir. Örnek olarak Cu esaslı

ATRP'de az miktarda bakır(II) halojenürün ilavesiyle polimerizasyon hızlarında düşme olacağından, polimerizasyonlar daha iyi kontrol edilmiş olur. Poliakrilatlar, polimetakrilatlar ve polistirenler daha yüksek k_p değerlerine sahip olduklarından polidispersiteler yüksek çıkmaktadır. Alkil halojenürün başlangıçtaki konsantrasyonu yükseltildiğinde daha kısa zincirler oluşacağından polidispersite yükselir[39]. Diğer yandan monomer dönüşümünün artmasıyla da polidispersitenin düşeceği anlaşılmaktadır.

ATRP'de deaktivatörün konsantrasyonu polimerizasyon başlangıcında ani olarak artar ve daha sonra yavaşça yükselir. Polimerizasyon başlangıcında az miktardaki bakır(II) halojenürün ilavesi sonucunda sonlanmış zincirlerin çoğalması azaltılabilir. Böylece atom transfer dengesi kontrol edilebilirken, tersi durumda, bakır esaslı ATRP'de az miktarda bakır(I) halojenürün ilavesi sonucunda daha hızlı bir polimerizasyon meydana geleceğinden polidispersite yukarıda anlatıldığı gibi yükselir.

1.4.2.7. Sıcaklık ve Reaksiyon Zamanı

Atom transfer radikal polimerizasyonunda sıcaklığın yükseltilmesiyle, radikal çoğalma hız sabiti ve atom transfer denge sabiti büyüyeceğinden polimerizasyon hızı artar. Polimerizasyon hızının artmasıyla diğer yan reaksiyonların oluşumunda da bir artış olur [40-41]. Ayrıca yüksek sıcaklıklarda katalizörün çözünürlüğü artarken diğer bir yandan da katalizörün bozunması gibi bir durum ortaya çıkabilir[42]. Bu nedenle sıcaklık artışının avantaj ve dezavantajları göz önünde bulundurulduğunda, optimal sıcaklık çoğunlukla monomere , katalizöre ve hedeflenen molekül ağırlığına bağlı olarak değişir.

1.4.2.8. Metil metakrilat (MMA)

Metilmetakrilat için standart koşullar stireninkine benzer şekilde eser Cu (I) bromür, bakır (I) klorürden daha hızlıdır. Deaktivasyonbasamağında bromür daha verimlidir. Polimerizasyon düşük konsantrasyonda N-bpy kullanıldığında düşük kontrollüdür [33-35].

İyi tanımlanan poli (metil metakrilat) 1000-180.000 molekül ağırlığında hazırlanır. 1000-90.000 aralığında polidispersite < 1.10, 90.000'den daha yukarıda polidispersite 1.10-1.50 arasındadır.

1.5. Kopolimerlerde Reaktiflik Oranlarının Bulunması

Değişik monomer bileşimlerinde, düşük dönüşümlü (%5'den az) kopolimerler hazırlanarak reaktiflik oranları saptanabilir. Bunun için değişik analitik yöntemler kullanılır. Kopolimerin bileşimi saptandıktan sonra, kopolimerizasyon eşitliği değişik şekillerde formüle edilerek r_1 ve r_2 bulunur.

Deneysel verilerden reaktiflik oranlarının elde edilmesinde çeşitli yollar izlenebilir.

1. Bu yöntem,polimer-monomer bileşim eğrisini deneysel olarak elde ettikten sonra bu eğrinin hangi kuramsal eğri ile çakıştığını doğrudan doğruya bulmaya dayanır.Bileşim eğrisi r_1 ve r_2 değerlerindeki küçük değişmelerden pek fazla etkilenmediği için bu işlemle sağlıklı sonuçların elde edilmesi güçtür.

2.Bir başka yöntem

$$r_2 = \frac{[M_1]}{[M_2]} = \left[\frac{d[M_1]}{d[M_2]} \left(1 + r_1 \frac{[M_2]}{[M_1]} \right) - 1 \right]$$

denkleminin reaktiflik oranlarından biri için çözümlenmesine dayanır.Monomer karışımının ve elde edilen kopolimerin deneysel olarak bulunan bileşimleri yukarıdaki denklemde yerlerine konulur. r_1 değerleri r_2 'ye karşı çizilir. Belirli bir monomer karışımı için her deneyden bir doğru çizgi elde edilir.Çeşitli monomer karışımları için elde edilen doğruların kesişme noktası r_1 ve r_2 'yi verir.

1.5.1. Kelen-Tüdös(K-T) Yöntemi İle Monomer Reaktivite Oranlarının Bulunması

Farklı monomer bileşimlerinde düşük dönüşümde polimerler hazırlanır.Kopolimerlerin elementel analizi,veya ^{1}H-NMR spektrumu IR ve Ultraviole gibi spektroskopik tekniklerle kopolimerlerin bileşimindeki monomer oranları belirlenir.Başlangıç monomer oranlarından ve kopolimerdeki monomer oranlarından faydalanarak K-T parametreleri hesaplanır. Hesaplanan bu parametrelerden η ve ε grafiğe geçirilir.Grafikten η ve ε değeri ve ε =0 için de η değeri bulunur. Bu değerler yukarıdaki formüllerde yerine konularak r_1 ve r_2 değerleri hesaplanır.

$$\alpha = \sqrt{H\max \bullet H\min}$$

$$h = (r_1 + \frac{r_2}{\alpha})\varepsilon \quad \frac{r_2}{\alpha}$$

$$\varepsilon = \quad \frac{H}{(\alpha + H)} \quad \frac{G}{(\alpha + H)}$$

$$G \frac{F(f-1)}{f} \quad ; \quad H=\frac{F^2}{f}$$

1.5.2. Finemann-Ross(F-R) Yöntemi İle Monomer Reaktivite Oranlarının Bulunması

Kelen-Tüdös yönteminde olduğu gibi, değişik monomer bileşimlerinde, düşük dönüşümlü kopolimerler hazırlanır. Yukarıda bahsedilen yöntemlerden biri veya birkaçıyla kopolimer bileşimindeki monomer oranları belirlenir. K-T yönteminde tanımlandığı şekilde G ve F değerleri hesaplanır. F-R bağıntısı G=F(r_1- r_2)' dir. G-F doğrusunun eğimi r_1'i kayması ise r_2 'yi verir.

1.6. Polimerlerin Termal Özelliklerinin İncelenmesi

1.6.1. Isısal Geçişler

Polimerlerin yumuşama sıcaklıkları Tg ve kristal erime sıcaklıkları Tm bu maddelerin kullanılabilirlik limitlerini belirleyen önemli büyüklüklerdir. Kısmen kristal bir polimerin katı bir madde olarak kullanılabilmesi için çalışma sıcaklığı hem Tg hem de Tm' in altında olmalıdır. Öte yandan bir polimer, plastik olarak kullanılacaksa daima Tg'nin üzerinde Tm'in altında bir sıcaklıkta bulunmalıdır. Erime sıcaklığı Tm'de polimer katı halden sıvı hale dönüşür. Yumuşama sıcaklığı Tg'de ise katı halden elastik hale geçiş olur.

Isısal geçişleri belirlemek amacı ile, polimerlerin çeşitli özelliklerinin sıcaklıkla değişimini incelemek gerekir. Örneğin spesifik hacmin, kırılma indisinin, dielektrik sabitinin sıcaklıkla değişimi, camlaşma ve erime sıcaklıklarında kesiklikler olarak ortaya çıkar ve böylece bu iki büyüklük bulunmuş olur. Ancak, gerek Tg gerekse Tm'in belirlenmesinde çabuk ve kolay sonuç alınan (ve ek birtakım bilgilerin edinildiği) termal yöntemler arasında Diferansiyel Termal Analiz (DTA) ve Diferansiyel Tarama Kalorimetresi (DSC) en çok kullanılan iki tekniktir.

1.6.1.1. Diferansiyel Taramalı Kalorimetre (DSC)

Kararlı çevre şartlarında tutulan bir çift mikro kalorimetreden ibarettir. Bunlardan biri incelenen örneğe, diğeri referans maddeye aittir. Örnek ve referans kalorimetrelerin ısıtıcıları elektrik güç ilavesi ile yaklaşık aynı programlanmış sıcaklıkta sabit tutulur. İki kalorimetreye bağlanmış güçler arasındaki fark, örnekteki enerji değişim hızını ölçer ve zamanın bir fonksiyonu olarak kaydeder.

1.6.1.2. Diferansiyel Termal Analiz (DTA)

Bu metotta, kontrollü şartlarda sıcaklığın bir fonksiyonu olarak örnek polimer ile referans maddenin sıcaklığı arasındaki farklar ölçülür. Polimerik numune ısıtılırken ekzotermik bir olay cereyan ederse numunenin sıcaklığı referansın sıcaklığından daha fazla yükselecektir. Endotermik bir olay ise ters yönde bir sıcaklık farkı meydana gelir. DTA ölçümlerinde katı ve sıvı örnekler kullanılabilir.

1.6.1.3. Termogravimetrik Analiz (TGA)

Kontrollü şartlarda maddelerin sıcaklığının değiştirilmesi ile ağırlığındaki değişimin ölçümüne "termogravimetri" denir. Bir TGA deneyinde ölçülen değişkenler; ağırlık, zaman ve sıcaklıktır. Polimerlerin termal kararlılığının ölçülmesinde genellikle termogravimetrik analiz tekniği kullanılır. Termogravimetri, bir polimer örneğinin ağırlık kaybını, zamanın ve sıcaklığın bir fonksiyonu olarak izleme tekniğidir. Eğer sabit bir ısıtma hızında sıcaklıkla ağırlık kaybı incelenecekse buna "dinamik termogravimetri" ; sabit bir sıcaklıkta zamanın bir fonksiyonu olarak ağırlık kaydediliyorsa buna "izotermal termogravimetri" denir. Termogravimetrik analiz sonunda bir polimerin bozunmaya başladığı sıcaklık ve % 50 ağırlık kaybının meydana geldiği sıcaklık (yarı ömür sıcaklığı) kolaylıkla belirlenebilir. Ayrıca değerlendirme tekniklerinden yararlanarak polimerin termal bozunma tepkimesinin derecesi ve aktifleşme enerjisi gibi büyüklükler de hesaplanabilir.

2. MATERYAL VE METOT

2.1. Kullanılan Cihazlar

*Tartımlar için elektronik terazi: Chyo J.L. 180 model
*^{1}H-NMR spektrumlarının alınması için JEOL 90 MHz ^{1}H ve ^{13}C-NMR spektroskopisi
*IR spektrumları için MATTSON 1000 FT-IR spektroskopisi
* Polimerlerin DTA ölçümleri için SHIMADZU marka DTA-50
*Polimerlerin TGA eğrileri için SHIMADZU marka TGA-50
*Polimerlerin ortalama molekül ağırlıklarının tayini için Agilient 1100 Pump cihazı
*Kurutma işlemleri için vakumlu etüv
*Karıştırma işlemi için Jubbo ET 401 marka magnetik karıştırıcı
*Polimerizasyon için dijtalli yağ banyosu, sıvı yağ (motor yağı) ve termostat
*Cam malzeme olarak; değişik ebatlardaki polimerizasyon tüpleri, termometre, havan, mezür,
huni, erlen, beher, baget, pipet, piset, damlalık, petri kabı,süzgeç kağıdı ve küçük numune şişeleri.

2.2. Kullanılan Kimyasal Maddeler

***Kurutucular:** Magnezyum sülfat ($MgSO_4$), kalsiyum klorür ($CaCl_2$)

***Durdurucu:** Hidrokinon

***Başlatıcılar:** ATRP için 2-brometilasetat (merck), radikalik polimerizasyon için AIBN (kloroformda çözüp metil alkolde kristallendirildi).

***Monomerler:** Metilmetakrilat, etilmetakrilat (hazır alındı, Aldrich marka) ve PCMMA (sentezlendi)

***Çözücüler:** 1,4-dioksan, diklorometan, kloroform, aseton, etil alkol, dietileter, petrol eteri ve NMR spektrumları için döterolanmış kloroform (d-kloroform)

***Çöktürücüler:** Etil alkol, n- hekzan,

***Katalist sistem:** CuBr ve 2,2'- bipiridin

***İnert gaz:** Argon gazı

2.3. Fenil klorasetat'ın sentezi

Termometre, kalsiyumklorür tüpü ve damlatma hunisiyle donatılmış üç ağızlı bir deney balonuna önce fenol konularak (33,55gr; 0,357 mol) dietileterde çözüldü, ardından K_2CO_3 (0,18 mol, 27gr) ilave edildi. Reaksiyon karışımı 5 ^oC'nin altına düşünceye kadar soğutuldu. Dietil eterde seyreltilmiş klorasetilkorür (40,35 gr, 0,357 mol) damla damla karışıma ilave edildi. Klorasetilklorürün ilavesi tamamlandıktan sonra 6 saat oda sıcaklığında karıştırıldı. Reaksiyonun tamamlanması FT-IR ile anlaşıldıktan sonra karıştırma işlemi kesildi. Reaksiyon kabındaki heterojen ortam süzüldü, süzüntü su ile yıkandıktan sonra susuz $MgSO_4$ üzerinde 24 saat kurutuldu. Fenil klor asetatın dietileterdeki çözeltisinden bir miktar eter uzaklaştırıldıktan sonra karışım yavaş yavaş soğutularak ürünün kristallendiği gözlendi. Fenil klorasetat FT-IR, ^1H ve ^{13}C-NMR teknikleriyle karakterize edildi. Ürünün elde reaksiyonu Şema 2.1 de verilmiştir.

$$C_6H_5\text{-OH} + Cl\text{-}C(=O)\text{-}CH_2\text{-}Cl \xrightarrow[\text{Dietileter, } K_2CO_3]{0-5\,^oC} C_6H_5\text{-O-}C(=O)\text{-}CH_2\,Cl$$

Şema 2.1. Fenil klorasetat'ın sentezi

2.4. Fenoksi karbonilmetilmetakrilat'ın (PCMMA) monomerinin sentezi

Bir geri soğutucu, termometre ve kalsiyumklorür tüpü ile donatılmış üç ağızlı bir deney balonuna önce fenilklor asetat'ın (23,8gr; 0,139 mol) 1,4-dioksandaki çözeltisi konuldu. Ardından gerekli miktarda sodyummetekrilat (15,012gr;0,139mol) konularak faz transfer maddesi olarak TEBAKS (trietilbenzilamonyum klorür/sodyumiyodür) ortamında 85-90 ^{o}C sıcaklığında etkileştirildi. 24 saat sonunda reaksiyonun ilerlemeyişi FT-IR ile anlaşıldıktan sonra reaksiyon durduruldu ve karışım oda sıcaklığına kadar soğutuldu. Heterojen ortamın süzülmesinden sonra süzüntüdeki 1,4-dioksan evaporatörle çekildi. Organik faz eter ortamına alınarak su ile birkaç kez yıkandı ve $MgSO_4$ üzerinde gün aşırı kurutulduktan sonra eter buharlaştırıldı. Monomer vakum altında 5 mmHg'da 162 ^{o}C de damıtıldı. PCMMA monomeri FT-IR, ^{1}H ve ^{13}C-NMR teknikleriyle karekterize edildi. Ürünün elde reaksiyonu Şema 2.2 de verilmiştir.

$Cl-CH_2-C(=O)-O-C_6H_5$ + $CH_2=C(CH_3)-C(=O)ONa$ $\xrightarrow[\text{1,4-dioksan, TEBAKS-NaI}]{\text{85-90 C}}$ $CH_2=C(CH_3)-C(=O)-OCH_2-C(=O)-O-C_6H_5$

PCMMA

Şema 2.2. PCMMA monomerinin sentezi

2.5. PCMMA'ın kütlece Atom Transfer Radikal Polimerizasyonu

Önce vakum edilen ardında bir süre argon gazından geçirilen bir polimerizasyon tüpüne başlatıcı olarak α- brom etil asetat (0.3gr, 1,36 mmol), katalist sistem olarak CuBr (0.0196gr, 0.136 mmol) ve bipiridin (0.065gr, 0.272mmol) sırasıyla konulduktan hemen sonra koyu kahverenkli bir renk gözlendi. Oluşturulan kompleks üzerine PCMMA monomerinden (2.99 gr, 1,36mmol) alındıktan sonra karışım tekrar argon gazından yaklaşık 10 dk geçirildi. Polimerizasyon tüpü plastik kapakla kapatılıp 110°C'ye ayarlı yağ banyosuna daldırılarak kütle polimerizasyonu başlatıldı. 16 saat süren polimerizasyon sonunda, polimer diklorometan çözücüsünde çözülüp, 3-4 damla seyreltik HCI çözeltisi içeren etil alkol içinde damla damla çöktürüldü. Saflaştırma amacıyla, aynı şekilde iki kez tekrarlanan çöktürme işlemi sonunda elde edilen beyaz renkli polimer, vakum altında 60 °C'de 24 saat kurutuldu. FT-IR, ^{1}H-NMR, DTA ve GPC teknikleriyle poli(PCMMA) karakterize edildi. Polimerin oluşum mekanizması Şema 2.3'de gösterildi.

$$CH_2=C(CH_3)-C(=O)-OCH_2-C(=O)-O-C_6H_5 \xrightarrow[110\,^{\circ}C]{CuBr/bp,\ 2\text{-}BEA} CH_3CH_2O-C(=O)-CH_2-(CH_2-C(CH_3)(C(=O)OCH_2-C(=O)-O-C_6H_5))-Br$$

Şema 2.3. PCMMA'ın Atom Transfer Radikal Polimerizasyon mekanizması

2.6. PCMMA'ın Serbest Radikal Çözelti Polimerizasyonu

Argon gazından geçirilen bir polimerizasyon tüpüne 0,5 gr PCMMA monomeri, yaklaşık 4 katı kadar 1,4-dioksan ve başlatıcı olarak monomerin ağırlıkça %0,2 si kadar AIBN (azobisizobutironitril) konularak tüpün ağzı sıkıca kapatıldı. Monomer önceden 60 °C'ye ayarlı bir yağ banyosunda 6 saatte polimerleştirildi. Polimer karışımı etanolde damla damla çöktürüldü. Çöktürme işlemi birkaç kez tekrarlandı. Polimer önce 1-2 saat oda sıcaklığında, ardından vakumlu etüvde 24 saat kurutulmaya bırakıldı. Polimer GPC, TGA ve DTA teknikleriyle karakterize edildi.

2.7. PCMMA'ın MMA ile Atom Transfer Radikal Kopolimerizasyonu

Argon gazından geçirilen ve vakum edilen polimerizasyon tüplerine katalist sistem olarak CuBr (0.0072gr, 0.005mol) ve 2,2'-bipiridin (0.0158gr, mol) sırasıyla konulduktan sonra argon gazından geçirildi. Başlatıcı olarak 2-brom, etilasetat konuldu ve komplekste koyu kırmızı renklenme gözlendi. Oluşturulan kompleks üzerine MMA ile PCMMA monomerleri (farklı oranlarda) konularak, karışım tekrar argon gazından yaklaşık 10 dakika geçirildi. Tüpün ağzı kapatılıp 110 ^{0}C'ye ayarlanmış yağ banyosuna daldırılarak kopolimerizasyon başlatıldı. 12 saat süren kopolimerizasyon sonunda, kopolimer diklorometanda çözülüp, 3-4 damla seyreltik HCI çözeltisi içeren metil alkol içinde damla damla çöktürüldü. Saflaştırma amacıyla, aynı şekilde iki kez çözüp-çöktürme işlemi tekrarlandı. Süzülen kopolimerler once oda sıcaklığında açıkta kurutuldu, sonra vakum altında 60 °C de 24 saat kurutuldu. Kopolimerler GPC, FT-IR, ^{1}H-NMR, DSC teknikleriyle karakterize edildi. Kopolimerin oluşum mekanizması Şema 2.4'de gösterilmiştir.

CuBr/bp , 2-BEA
110 °C
MMA birimi
PCMMA birimi

Şema 2.4. Poli (PCMMA-ko-MMA)'nın Atom Transfer Radikal Kopolimerizasyonu

2.8. Poli(PCMMA) Makrobaşlatıcısıyla ATRP Metoduyla etilmetakrilat'ın Blok Kopolimerizasyonu

Argon gazından geçirilen bir polimerizasyon tüpüne makrobaşlatıcı olarak poli(PCMMA) homopolimeri (Mn=32700, 0.06gr, $1{,}83.10^{-6}$ mol) alınıp uygun miktarda 1,4-dioksan'da çözüldü ve argon gazından geçirildi. Üzerine katalist sistem olarak CuBr (0.0003gr, $1{,}83.10^{-6}$ mol) ve bipiridin (0.0006gr, $3{,}66.10^{-6}$ mol) sırasıyla konuldu ve argon gazından geçirildi. Oluşturulan kompleks üzerine EMA monomeri (0,0625gr, $1{,}83.10^{-4}$ mol) ilave edilerek karışım tekrar argon gazından yaklaşık 10 dakika daha geçirildi. Tüpün ağzı kapatılıp 110 ^{0}C'ye ayarlanmış yağ banyosuna daldırılarak kopolimerizasyon başlatıldı. 17 saat süren kopolimerizasyon sonunda, kopolimer diklorometan çözücüsünde çözülüp, 3-4 damla seyreltik HCI çözeltisi içeren etil alkol içinde damla damla çöktürüldü. Saflaştırma amacıyla çöktürme işlemi iki kez daha tekrarlandı. Elde edilen blok kopolimer önce oda sıcaklığında sonra vakum altında 60 °C de 24 saat kurutuldu. Poli(PCMMA-b-EMA) polimeri; GPC, FT-IR, ^{1}H-NMR, DSC ve termal analiz teknikleriyle karekterize edildi. Kopolimerin oluşum mekanizması Şema 2.5'de gösterilmiştir.

CuBr/bp
110 °C

poli (PCMMA -b- EMA)

n =148, m=77

Şema 2.5. Poli(PCMMA-b-EMA)'ın AB tipi blok kopolimerizsyonu

3. SONUÇLAR

3.1. Fenil klorasetat'ın karakterizasyonu

Fenil klorasetat ^{1}H-NMR (Şekil 3.1) ve ^{13}C-NMR (Şekil 3.2) ile karakterize edildi. Değerlendirmeleri sırasıyla Tablo 3.1 ve Tablo 3.2'de verildi.

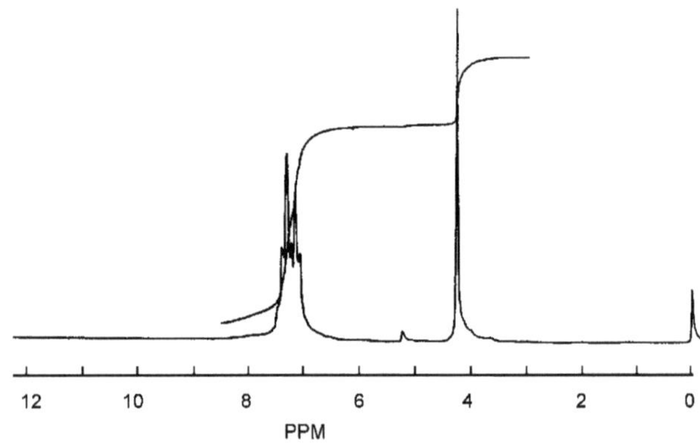

Şekil. 3.1 Fenil klorasetat'ın ^{1}H-NMR spektrumu (Çözücü: $CDCl_3$)

Tablo 3.1 Fenil klorasetat'ın ^{1}H –NMR değerlendirilmesi (en karakteristik olanları)

Kimyasal Kayma (ppm)	Proton Türü
4,21	CH_2 protonları
6,7 – 7,6	Aromatik halkadaki CH protonları

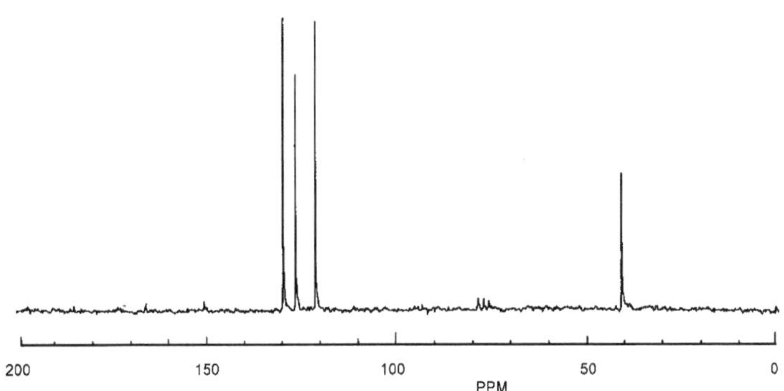

Şekil 3.2 Fenil klorasetat'ın ^{13}C–NMR spektrumu (Çözücü: $CDCl_3$)

Tablo 3.2 PCMMA'ın ^{13}C –NMR değerlendirilmesi

Kimyasal Kayma (ppm)	ProtonTürü
121, 126,, 131	Aromatik halkadaki CH
151	Aromatik halkadaki ipso
	- OCH_2
166	C=O

3.2. Fenoksikarbonil metilmetakrilat (PCMMA)'ın karakterizasyonu

Fenoksikarbonil metilmetakrilat ^{1}H-NMR (Şekil 3.3) ve FT-IR (Şekil 3.4), ^{13}C-NMR (Şekil 3.5) ile karakterize edildi. Değerlendirmeleri sırasıyla Tablo 3.3, Tablo 3.4 ve Tablo 3.5'de verildi.

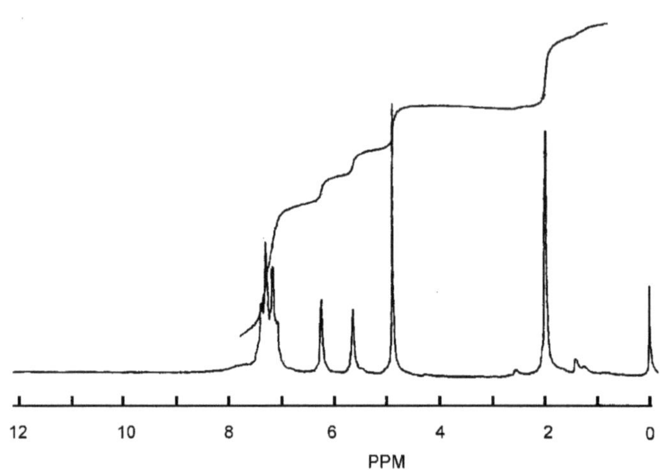

Şekil 3.3. Fenoksikarbonil metilmetakrilat (PCMMA)'nın ^{1}H-NMR spektrumu

Tablo 3.3. PCMMA'ın ^{1}H –NMR değerlendirilmesi

Kimyasal Kayma (ppm)	ProtonTürü
7.01-7,74	Aromatik halkadaki CH
5,68 ve 6.24	$=CH_2$
4.88	ester oksijenine komşu CH_2
1.98	quaterner karbona komşu CH_3

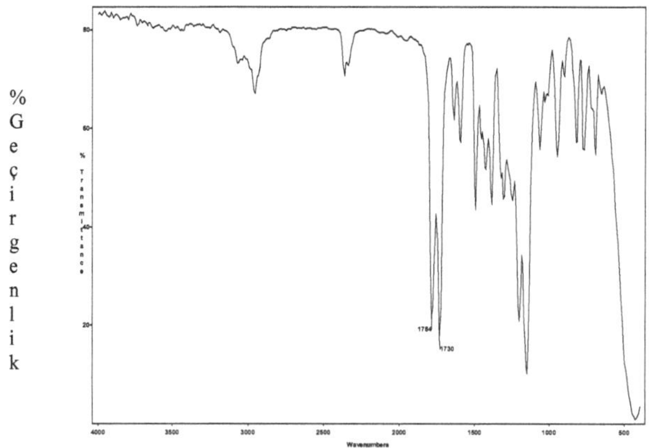

Dalga Sayısı cm^{-1}

Şekil 3.4. Fenoksikarbonil metilmetakrilat (PCMMA)'nın FT-IR spektrumu

Tablo 3.4. PCMMA'ın FT-IR değerlendirilmesi

Dalga Sayısı(cm^{-1})	Titreşim Türü
1784	C=O gerilmesi (fenoksiye komşu)
1730	C=O gerilmesi (quaterner karbona komşu)
1595	Aromatik halkadaki C=C gerilmesi
1638	Vinil grubundaki C=C gerilmesi

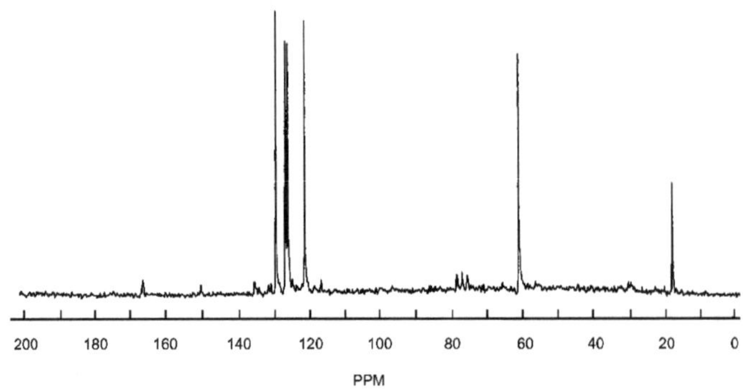

Şekil 3.5. Fenoksikarbonil metilmetakrilat (PCMMA)'nın ^{13}C-NMR spektrumu

Tablo 3.5. PCMMA'ın ^{13}C-NMR değerlendirilmesi

Kimyasal Kayma (ppm)	Karbon Türü
18,7	CH_3
60.7	OCH_2
121.2, 125.7, 126.6, 129.4	Aromatik halka karbonları (sırasıyla m-p-, o- karbonları)
135.4	quarterner karbon
150.2	aromatik halkanın ipso karbonu
166.7	Ester C=O

3.3. Fenoksikarbonil metilmetakrilat [PCMMA]'ın Atom Transfer Radikal Polimerizasyonu

Poli(fenoksikarbonil metilmetakrilat) FT-IR (Şekil 3.6) ve ^{1}H-NMR (Şekil 3.7), ^{13}C-NMR (Şekil 3.8) ile karakterize edildi. Değerlendirmeleri sırasıyla Tablo 3.6, Tablo 3.7 ve Tablo 3.8'de verildi.

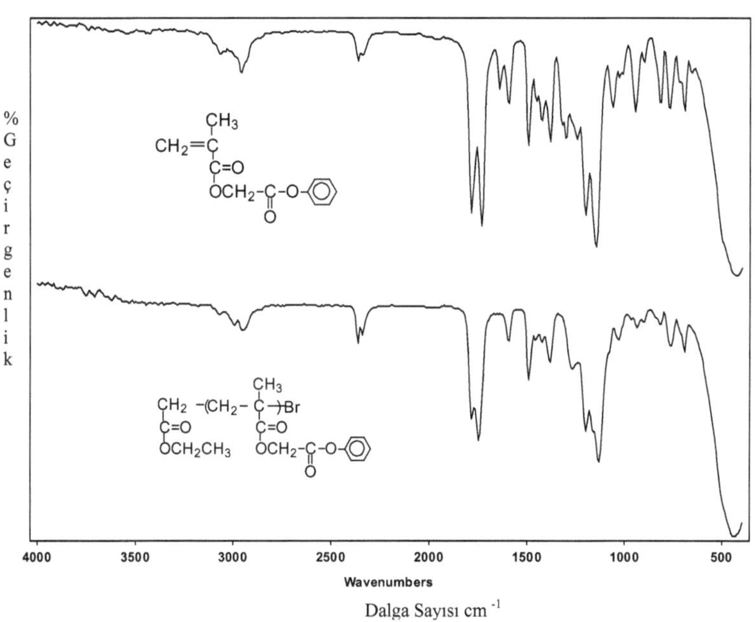

Şekil 3.6. PCMMA ile homopolimerinin FT-IR spektrumunun karşılaştırılması

Tablo 3.6. Poli(PCMMA)'ın FT-IR değerlendirilmesi

Dalga Sayısı(cm^{-1})	Titreşim Türü
1782	C=O gerilmesi (fenoksiye komşu)
1738	C=O gerilmesi (ana zincire komşu)
1595	Aromatik halkadaki C=C gerilmesi

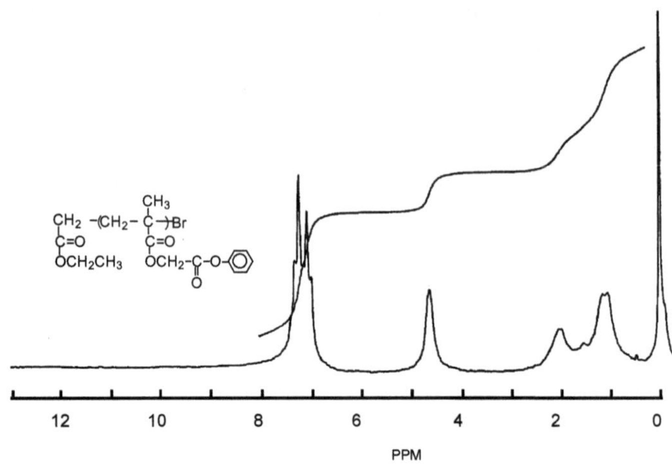

Şekil 3.7. Poli(PCMMA)'nın ^{1}H-NMR spektrumu

Tablo 3.7. Poli(PCMMA)'ın ^{1}H –NMR değerlendirilmesi

Kimyasal Kayma (ppm)	ProtonTürü
6.9-7,5	Aromatik halkadaki CH
0.9-2.3	Ana zincirdeki CH_2 ve CH_3
4.7	ester oksijenine komşu CH_2

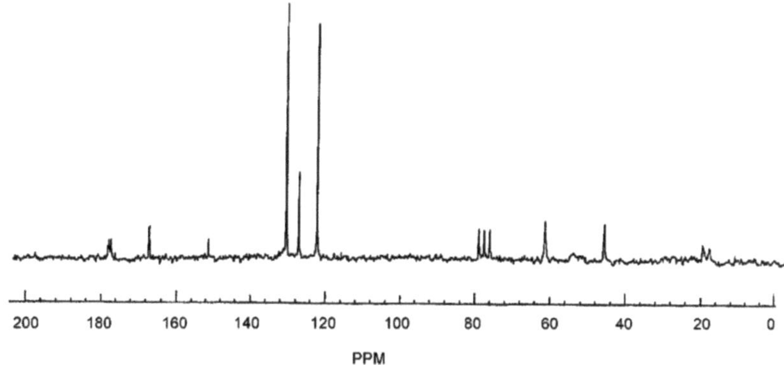

Şekil 3.8. ATRP metoduyla hazırlanan poli(PCMMA)'ın ^{1}H-NMR spektrumu

Tablo 3.8. PoliPCMMA'ın ^{13}C–NMR değerlendirilmesi (en karakteristik olanları)

Kimyasal Kayma (ppm)	Karbon Türü
20,68	$-CH_3$
46,83	Ana zincirdeki $-CH_2-$
55	Ana zincirdeki quaterner C-
174,9	-C = O
134,6 -128- 120,97	Aromatik halkanın CH
146	Aromatik halkanın ipso karbonu

3.4. PCMMA'ın Atom Transfer Radikal Polimerizasyonuyla Kinetiğinin İncelenmesi

PCMMA monomeri etil, 2-brom asetat başlatıcısıyla CuBr/bpy katalizörlüğünde 110 ^{o}C'de zamana bağlı olarak bir seri polimerizasyonu gerçekleştirildi. Dönüşüm % leri FT-IR bandlarından monomerdeki 1638 cm^{-1} deki C=C gerilme titreşimlerinin absorbans değerlenin aromatik halkanın 1595 cm^{-1} deki C=C gerilme bandlarına bağıl değerlerinden hesaplandı (spektrumlar EK-1'de verildi). Zaman bağlı olarak % dönüşüm değereleri Tablo

3.9 da, zaman-%dönüşüm grafiği Şekil 3.9 da, Zaman – Mn değişimi de Şekil 3.10. da verildi.

Tablo 3.9. PCMMA'ın zamana bağlı 110 °C' deki ATRP ile dönüşüm değerleri

Zaman (saat)	Aar./Aalif.	% Dönüşüm	Mn	Mw/Mn
1	0.28/0.12	30	8800-	1.44
2	0.055/0.017	48	-	-
3	0,065/0,17	58	10500	1.71
4	0,064/0,07	75	-	-
5	0,06/0,07	81	-	-
6	0,06/0,065	84	12700	1.71

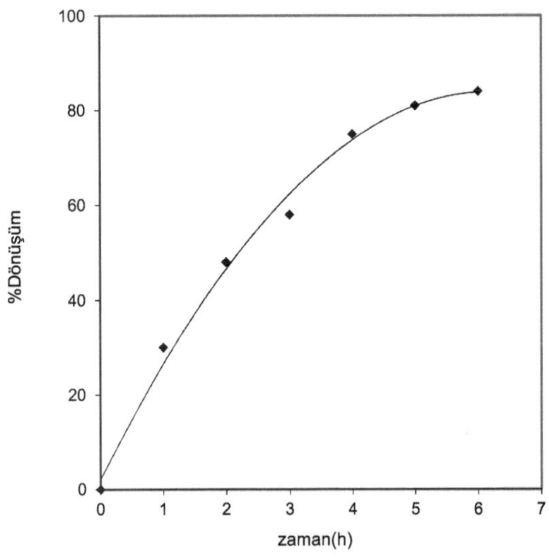

Şekil 3.9. PCMMA'ın Atom Transfer Radikal Polimerizasyonu için zaman-%dönüşüm grafiği

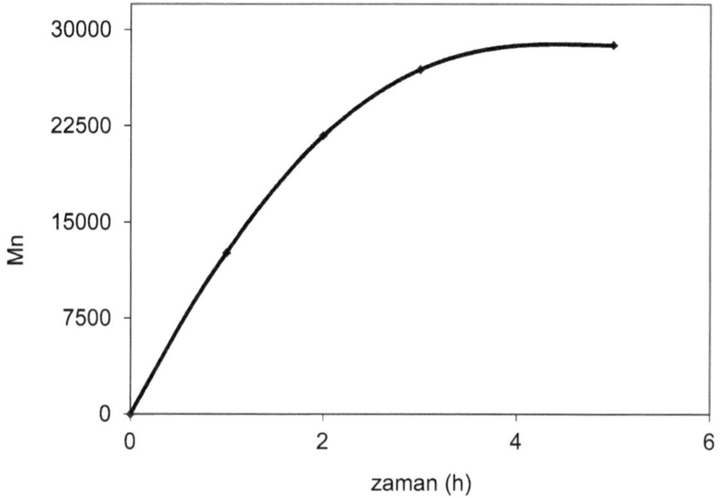

Şekil 3.10. PCMMA'ın Atom Transfer Radikal Polimerizasyonu için zaman - Mn grafiği

3.5. PCMMA makrobaşlatıcıysıyla etilmetakrilat'ın Atom Transfer Radikal Blok kopolimerizasyonu

Brom zincir uçlu Poli(PCMMA) GPC ile sayıca ortalama molekül ağırlığı Mn=32700 olduğu belirlendi. Bu polimer makrobaşlatıcı olarak kullanılarak etilmetakrilatın blok kopolimerizasyonu 110 °C de CuBr ile 2,2'bipiridin katalizörlüğünde hazırlandı. Elde A-B tipi blok kopolimerin 1H-NMR spektrumu Şekil 3.11'de, GPC eğrisi de makrobaşlatınınki ile karşılaştırmalı olarak Şekil 3.12'degösterildi. Diğer taraftan serbest radikalik yolla hazırlanan poli(PCMMA)'nın GPC eğrisi de Şekil 3.13'de gösterildi.

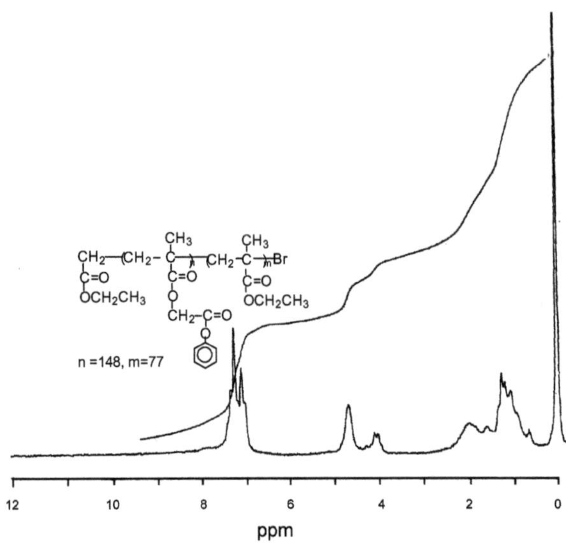

Şekil 3.11. Poli(PCMMA –b- EMA)'ın ^{1}H-NMR spektrumu

Kopolimer bileşimi hesaplanırken PCMMA birimini karakterize eden 4.7 ppm'deki OCH_2 protonlarının integral yüksekliği etilmetakrilat birimindeki 4.2 ppm'deki OCH_2 protonlarına oranlanarak aşağıdaki eşitlik yardımıyla PCMMA ve EMA birimleri sırasıyla %65 ve %35 olarak hesaplandı.

$$\frac{m_1}{m_2} = \frac{\text{PCMMA birimindeki } OCH_2 \text{ protonlarinin integral yüksekligi}}{\text{EMA birimindeki } OCH_2 \text{ protonlarinin integral yüksekligi}}$$

Burada m_1 ve m_2 kopolimerde sirasiyla PCMMA ile EMA'in mol kesirleridir.

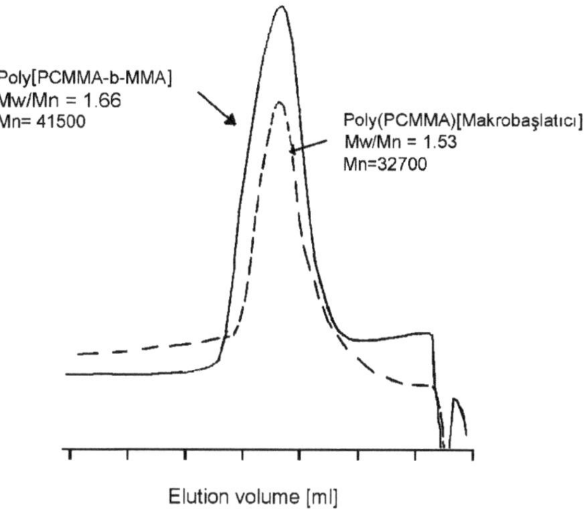

Şekil 3.12. Makrobaşlatıcı [Poli(PCMMA)] ile poli(PCMMA-b-EMA)'ın GPC eğrileri

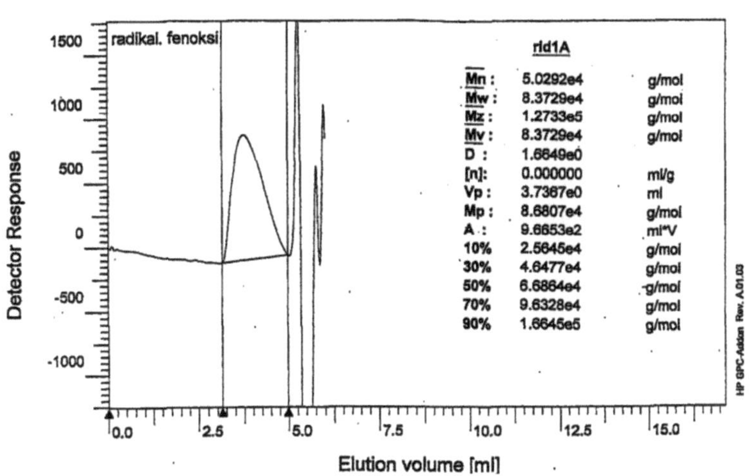

Şekil 3.13. Serbest radikalik yolla hazırlanan Poli(PCMMA)'nın GPC eğrisi

3.6. ATRP ile Hazırlanan PCMMA-MMA Kopolimerinin Karakterizasyonu

PCMMA ile MMA'ın bir seri kopolimerizasyonu ATRP şartlarında 110 °C de gerçekleştirildi. Hazırlanan kopolimerler FT-IR, 1H- 13C –NMR ve GPC ile karakterize edildi. FT-IR (Şekil 3.14), ^{1}H-NMR (Şekil 3.15), ^{13}C-NMR (Şekil 3.16), GPC (Şekil 3.17) de verildi. . Değerlendirmeleri sırasıyla Tablo 3.10, Tablo 3.11, Tablo 3.12, Tablo 3.13 de verildi.

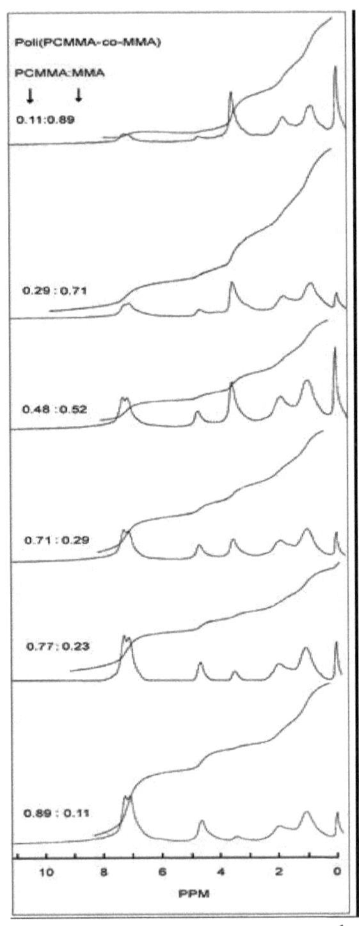

Şekil 3.14. ATRP ile hazırlanan Poli(PMA-ko-MMA)'nın ^{1} H-NMR NMR Spektrumları

Tablo.3.10. Poli(PCMMA-ko-MMA)'ın ^{1}H-NMR spektrum değerlendirilmesi (en karakteristik olanları)

Kimyasal Kayma(ppm)	Proton Türü
6,9-7,3	Aromatik halka protonları
3,63	MMA'daki OCH_3
4,7	$-OCH_2$ (PCMMA birimindeki)

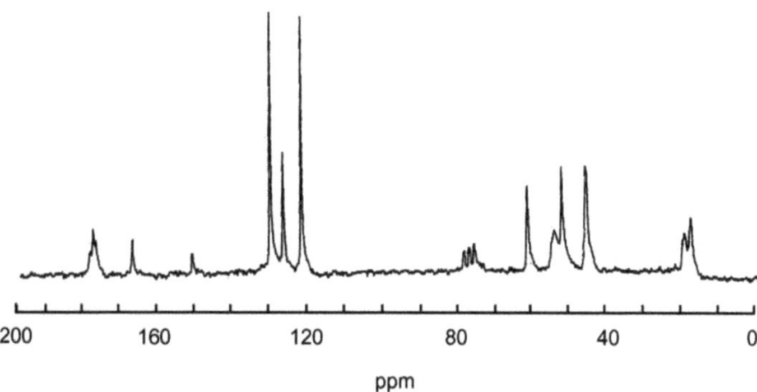

Şekil 3.15. ATRP ile hazırlanan Poli(PCMMA0.29-ko-MMA)'ın ^{13}C-NMR Spektrumu

Tablo 3.11. Poli(PCMMA-ko-MMA)'ın ^{13}C-NMR spektrum değerlendirilmesi(en karakteristik olanları)

Kimyasal Kayma(ppm)	Karbon Türü
17,3 ve 19	PCMMA ve MMA birimlerindeki CH_3 karbonu
150,8	Aromatik halkanın ipso karbonu
129,7 –126- 121	Aromatik halkadaki CH' ler (o, p ve m CH)
167	PCMMA da Fenoksiye komşu C=O
175,6 ve 177	C = O karbonu (sırasıyla MMA, PCMMA)

Altı değişik kopolimer örneği diklorometanda çözülerek NaCl pencere üzerinde film yapılarak FT-IR spektrumları kaydedildi. IR spektrumlar topluca Şekil 3.16'da verilmiştir. Spektrumlarda görülen başlıca pikler gösterilmiştir. Her bir kopolimer bileşimine bağlı olarak piklerin bağıl şiddetleri farklıdır.

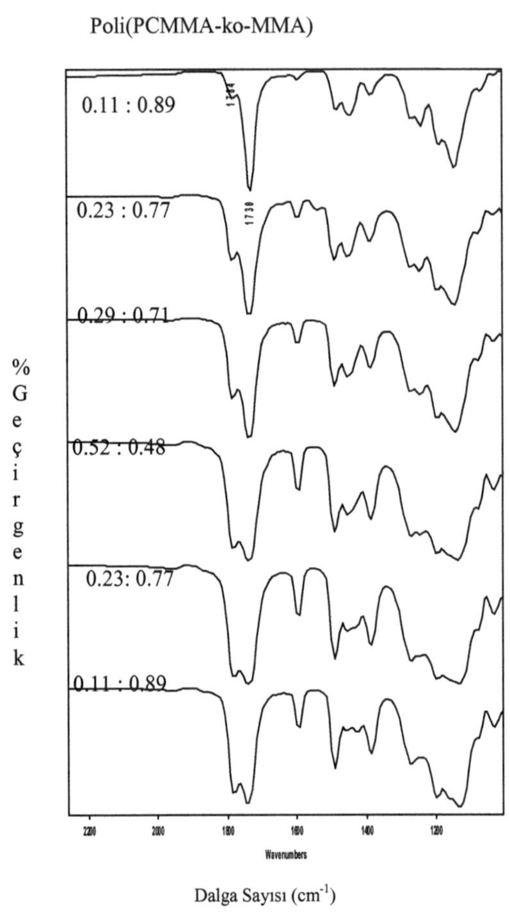

Şekil 3.16. Bir seri PCMMA-ko-MMA polimerlerin FT-IR spektrumları (Film halinde alındı)

Tablo 3.12. PCMMA–MMA kopolimerlerin IR spektrum değerlendirilmesi (en karakteristik olanları)

Dalga sayısı(cm^{-1})	Titreşim Türü
2840-3000	Alifatik C-H gerilmesi
1782	C=O gerilmesi (fenoksiye bitişik)
1738	C=O (ana zincire komşu)
1595	Aromatik C=C gerilme titreşimi

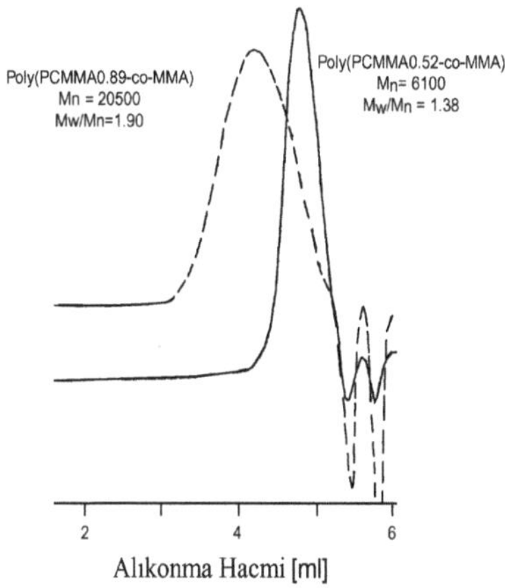

Şekil 3.17. Poli(PCMMA-ko-MMA)'ın GPC eğrilerinden iki tanesinin karşılaştırılması

ATRP yoluyla hazırlanan Poli(PCMMA-ko-MMA)'ın diğer kopolimerinin GPC eğrileri Şekil 3.18'de, GPC sonuçları da Tablo 3.13 de verildi.

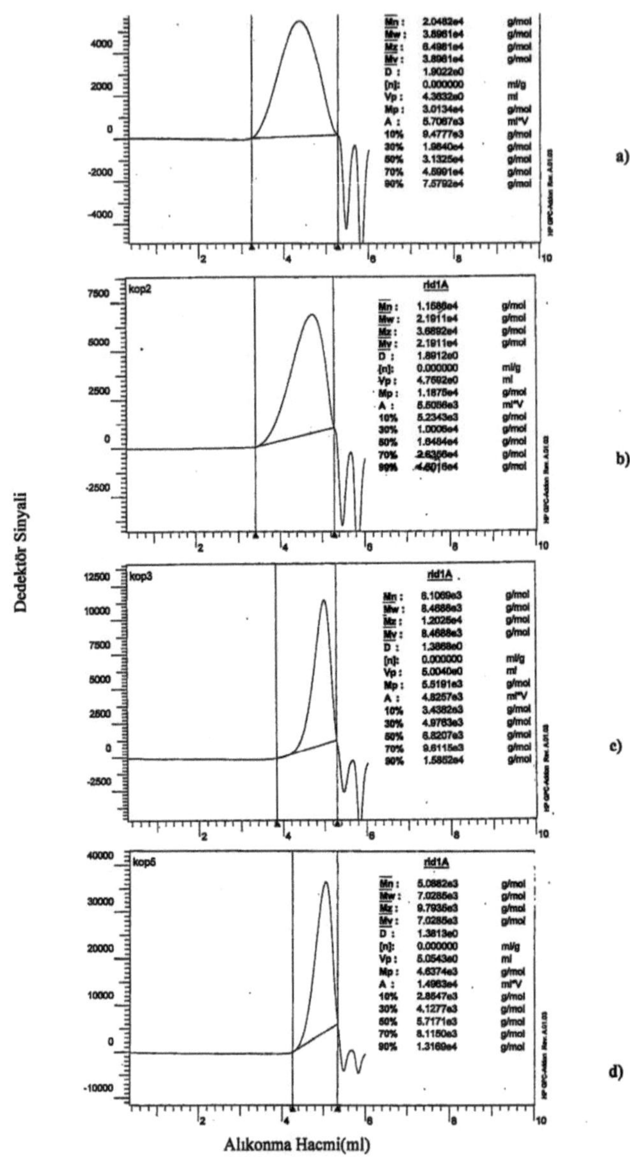

Şekil 3.18 ATRP yoluyla 110 °C'de hazırlanan Poli(PCMMA-ko-MMA)'ın GPC eğrileri [PCMMA a): %89, b)%71, c) %52, d) %23]

Tablo 3.13. Kopolimer bileşimi ve GPC sonuçları

Poli(PCMMA-ko-MMA)	M_n	Mw/Mn
89*	20500	1.90
71	12000	1.89
52	6200	1.38
29	4900	1.28
23	5000	1.38

PCMMA* : %PCMMA

PCMMA'ın MMA ile Atom Transfer Radikal Polimerizasyonuyla hazırlanan kopolimerde PCMMA birimlerinin bir fonksiyonu olarak Mn ile değişimi gösteren grafik Şekil 3.19'da verildi.

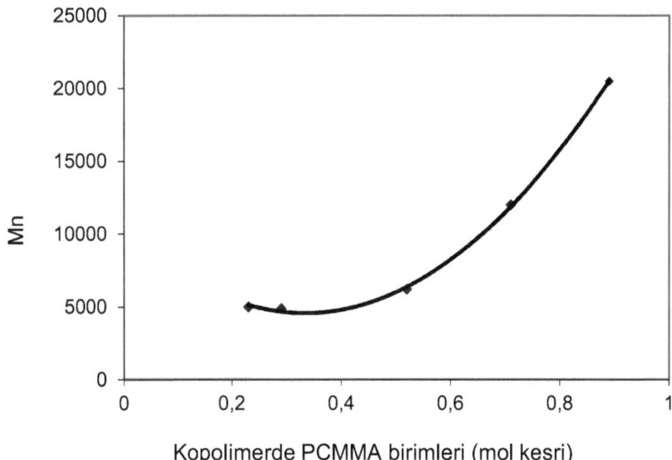

Şekil 3.19. Kopolimerde PCMMA mol kesrine karşı Mn değişimi

3.7. PCMMA ile MMA'ın Monomer Reaktiflik Oranlarının Belirlenmesi

ATRP metoduyla çalışılan PCMMA ve MMA kopolimerlerinin dönüşüm %'leri ^{1}H–NMR spektrumlarından hesaplandı. Dönüşüm yüzdeleri hesaplanırken PCMMA birimlerindeki oksijene bitişik CH_2 ve MMA birimlerine ait oksijene bitişik CH_3 (3,8 ppm) protonları esas alındı. Böylece kopolimerlerde MMA ve PCMMA'nın mol fraksiyonları bu kimyasal kaymadaki protonların integral yüksekliklerinden aşağıdaki eşitlik yardımıyla kopolimer bileşimleri hesaplandı.

$$\frac{m_1}{m_2} = \frac{\text{PCMMA birimindeki } CH_2 \text{ protonların integral yüksekliği}}{\text{MMA birimindeki } OCH_3 \text{ protonların integral yüksekliği}}$$

Burada, m_1; PCMMA'ın mol fraksiyonu, m_2; MMA'ın mol fraksiyonudur. Tablo 3.14 ve Tablo 3.15'deki veriler monomer reaktivite oranlarının hesaplanmasında kullanıldı.

Tablo 3. 14. Başlangıç ve kopolimerde PCMMA oranları

Kopolimer	Başlangıç M_1^a	ATRP ın kopolimerizasyonunda m_1^b
1	0,90	0,89
2	0.70	0.71
3	0.50	0.52
4	0.30	0.29
5	0.20	0.23
6	0.10	0.11

M_1^a:PCMMA'nınbaşlangıçtaki mol fraksiyonu,

m_1^b:PCMMA'nın kopolimerdeki mol fraksiyonu

Tablo 3.15. PCMMA and MMA 'ın yaşayan polimerizasyon sonuçları

Örnek No	$F=M_1/M_2$	$f=m_1/m_2$	$G=F(f-1)/f$	$H=F^2/f$	$\eta=G/\alpha+H$	$\xi=H/\alpha+H$
1	9,00	8,09	7,88	10,01	0,72	0,92
2	2,33	2,48	1,39	5,02	0,23	0,85
3	1,00	1,08	0,74	0,93	0,41	0,51
4	0,43	0,41	-0,61	0,45	-0,46	0,32
5	0,25	0,30	-0,58	0,21	-0,52	0,19
6	0,11	0,15	-0.62	0,08	-0,64	0,08

M_1 [a]= PCMMA'nın başlangıçtaki mol fraksiyonu, M_2= MMA'nın başlangıçtaki mol fraksiyonu

m_1 [b]= PCMMA'nın kopolimerdeki mol fraksiyonu, m_2= MMA'nın kopolimerdeki mol fraksiyonu

$\alpha = (H_{min} H_{max})^{1/2} = 0,89$, H_{min}: H'ın en düşük değeri, H_{max}: H'ın en yüksek değeri

Kelen Tüdös parametrelerinden η' ye karşı ξ grafiğe geçirildi Şekil (3. 20) .Bu grafik $\eta = (r_1 + r_2 / \alpha)\,\xi - r_2 / \alpha$ ilişkisine göre bir doğrudur. Bu doğrudan r_1 ve r_2 hesaplandı.

Fineman – Ross yöntemiyle monomer reaktiflik oranını tayin etmek için F-R parametrelerinden G'ye karşı H grafiğe alındı ve grafik Şekil 3.21 de gösterildi. Bu doğrunun eğiminden r_1 ve r_2 hesaplandı. Kopolimerizasyon için bulunan değerler Tablo 3.16'de verildi.

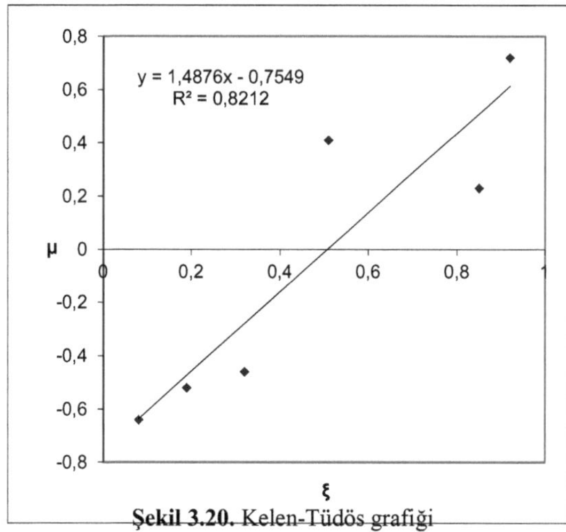

Şekil 3.20. Kelen-Tüdös grafiği

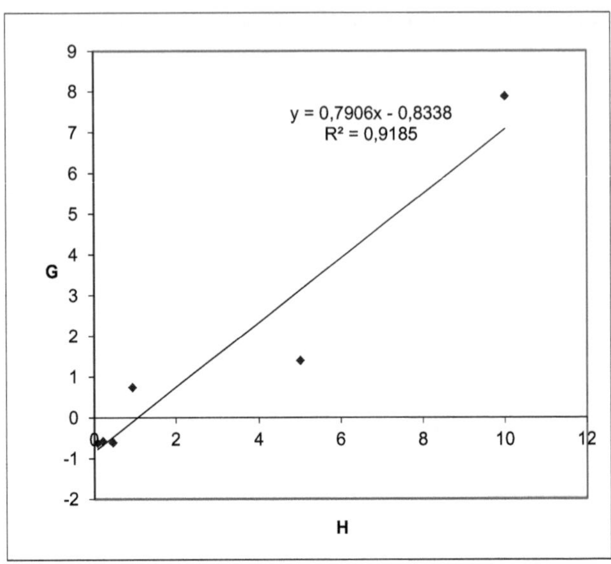

Şekil 3.21. Fineman-Ross grafiği

Tablo 3.16. K-T ve F-R metodlarıyla hesaplanan monomer reaktivite oranları

Sistem	Metod	r_1[a]	r_2	$r_1.r_2$
Atom transfer radikal kopolimerizasyonu	K-T	0,73	0.67	0.49
	F-R	0,79	0.83	0.65

[a] r_1 : PCMMA'nın monomer reaktivite oranıdır.

3.8. Polimerlerin Termal analiz Ölçümleri

3.8.1. Diferensiyel Termal Analiz (DTA) Ölçümleri

20 ^{0}C/dakika ısıtma hızıyla oda sıcaklığından 200 ^{0}C 'ye kadar ısıtılan homopolimer ve kopolimerlerin DTA eğrileri eğrileri aşağıdaki Şekil 3.22 de, sonuçlar da Tablo 3.17 de verildi. Kopolimerde PCMMA'ın mol kesrinin bir fonksiyonu olarak Tg'lerin değişim grafiği Şekil 3.23 de verildi.

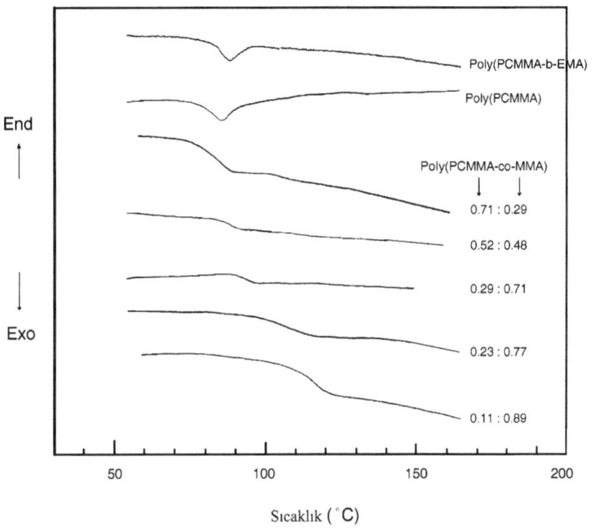

Şekil 3.22. Poli(PCMMA), Poli(PCMMA-b-EMA), Poli(PCMMA-ko-MMA)'ın DTA eğrileri

Tablo 3.17 PCMMA ile MMA homo ve kopolimerlerinin Tg değerleri

Polimer	Tg (°C)
Poly(PCMMA)*	80
0,89*	82
0,71	85
0,52	88
0,29	96
0,23	105
0,11	114
Poly(MMA)	123

*PCMMA% (mol kesri)

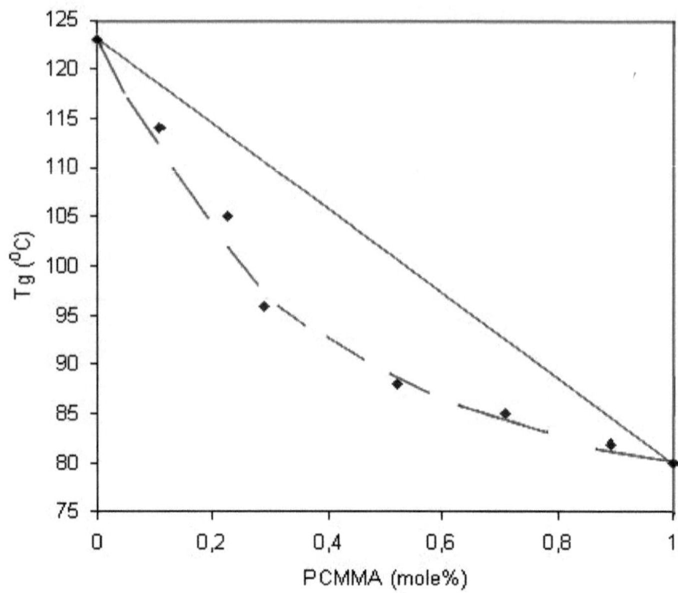

Şekil 3.23. Kopolimerde PCMMA'ın mol kesrinin bir fonksiyonu olarak Tg'lerine bağlı grafiği

3.8.2. Polimerlerin TGA Ölçümleri

10 ^{0}C/dakika ısıtma hızıyla azot atmosferinde oda sıcaklığından 500 ^{0}C 'ye kadar ısıtılan homopolimer ve kopolimerin termogravimetrik eğrileri Şekil 3.24 de gösterildi. Termogramlar PCMMA'ın serbest radikalik ve ATRP yoluyla hazırlanan polimerini karşılaştırmalı olarak gösterirken, diğer taraftan PCMMA 'ın MMA ile olan kopolimerlerine ait Tg eğrilerini de göstermektedir.

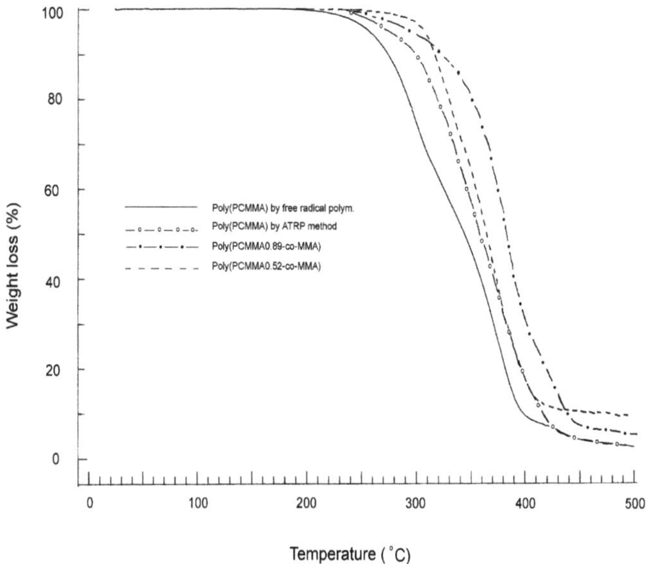

Şekil 3.24. Homo ve kopolimerlerin TGA eğrileri

3.9. Polimerlerin Degradasyonu Süresince IR Spektrumlarındaki Değişiklikler

Poli(PCMMA)'ın degradasyonu süresince IR spektrumlarındaki değişiklikleri gözlemek
amacıyla bir miktar polimer (film haline getirilecek kadar) CH_2Cl_2'de çözülüp NaCl pencere üzerinde film yapıldı.Hazırlanan film özel bir cam düzeneğe konularak argon gazı atmosferinde
10^0C/dakika ısıtma hızıyla 270 ^{0}C-440 ^{0}C aralığında ısıtılarak kısmi olarak degrade edildi ve her bir basamak için IR spektrumu kaydedildi. FT-IR spektrumlar Şekil 3.25 de verildi.

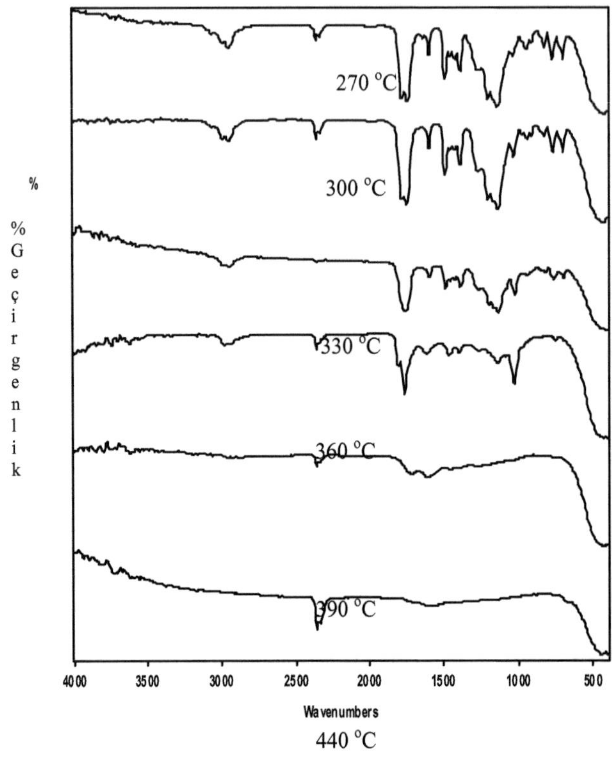

Dalga Sayısı (cm^{-1})

Şekil 3.25. ATRP ile hazırlanan PoliPCMMA'ın kısmi degradasyonuyla kaydedilen IR spektrumları

4. TARTIŞMA

İyi tanımlanabilen homo ve kopolimerleri sentezlemek için yeni bir yöntem kontrollü radikal polimerizasyon metodur [43,44]. Kontrollü radikal polimerizasyon (CRP) metotlarından biri olan atom transfer radikal polimerizasyonu (ATRP) uygun bir ligandla [45,46] birleşen bir geçiş metal kullanılarak kontrolü sağlayan bir radikal yöntemdir. Katalizör sistem dormant türlerle büyüyen radikaller arasında bir denge kurmaktadır. ATRP kontrollü ya da yaşayan radikal polimerizasyon sistemi olduğundan dolayı başlatıcı molekülü başına tüketilen monomer oranıyla iyi tanımlanabilen molekül ağırlıklı polimerler elde edilmektedir, $\Delta P_n = \Delta[M]/[I_o]$, polidispersiteler genellikle düşüktür. ATRP, mekanizmasından dolayı daha kesin bir şekilde kontrollü polimerin oluşumunu sağlar [47]. Bu yeni metotta başlatıcı önemli bileşenlerden biridir. Şimdiye kadar haloalkanlar [48], haloalkilbenzen [49], α-halokarboksilik asit [50] ve haloketonlar [51,52] gibi birçok organik bileşik etkin başlatıcı olarak kullanılmıştır.

Bu çalışmada, önce fenol, klorasetilklorür ile etkileştirilerek fenil kloroasetat bileşiği sentezlendi. Elde edilen bileşiğin ^{1}H-NMR spektrumunda görülen 4,2 ppm deki CH_2 protonları (Şekil 3.1) yapıyı karakterize eden önemli bir kanıttır. Fenil kloroasetat'ın sodyummetakrilat ile olan reaksiyonu fenoksikarbonil metilmetakrilat (PCMMA) monomerini verdi. Monomerin karakterizasyonunda; FT-IR, ^{1}H-NMR ve ^{13}C-NMR teknikleri kullanıldı. FT-IR ile C=O gerilmesi, ^{1}H-NMR ile de CH_2=C proton sinyallerinin gözlenmesi PCMMA'yı karakerize eden en önemli kanıtlardır. Monomerlerin polimerleştirilmesinde ATRP ve serbest radikal polimerizasyon metotları kullanıldı.

PCMMA'ın serbest radikal polimerizasyonuyla hazırlanan poli(PCMMA), GPC (Şekil 3.13) ve TGA (Şekil 3.24) ile karakterize edildi.

Etil, 2-bromoasetat (2-EBA)/CuBr/bpy katalizör sistemiyle 110 ^{o}C'de başlatılan PCMMA'nın polimerizasyon süresiyle % dönüşüm arasındaki ilişki Şekil 3.9' da gösterilmiştir. %84 dönüşüme 6 saatte ulaşılmaktadır. PCMMA'ın atom transfer radikal polimerizasyonunda zamana karşı %dönüşüm grafiği polimerizasyon kinetiğinin birinci mertebe olduğunu gösteren bir lineerdir. Çalışmada, PCMMA'ın polimerizasyonunda zamanla polimerlerin ortalama molekül ağırlıklarının arttığı gözlendi. Sonuçlar Tablo 3.9 da verilmiştir. (PCMMA ve poli(PCMMA)'ın oluşum reaksiyonları Şema 4.1 de özetlenmiştir.).

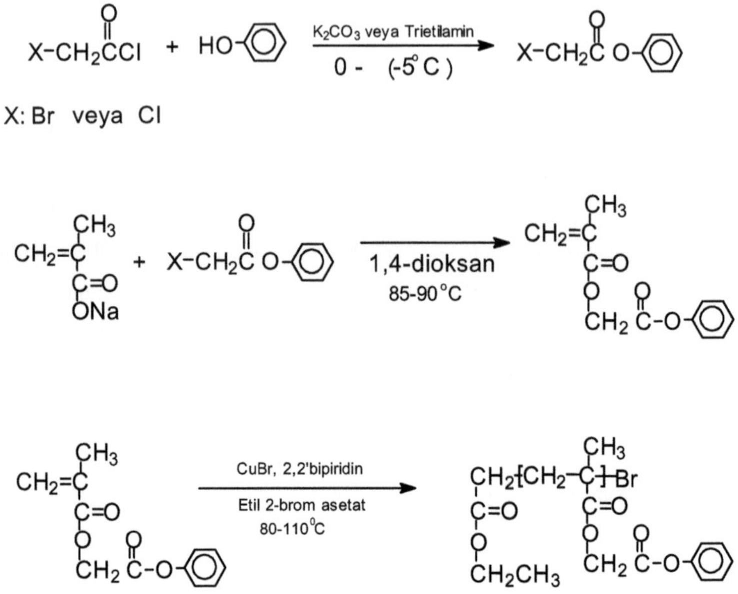

Şema 4.1. PCMMA ve poli(PCMMA) oluşum reaksiyonu

PCMMA ile MMA'ın atom transfer radikal kopolimerizasyonu (CuBr):(bpy):(EBA)=[1:2:1] ortamında 110 °C de yapıldı. Poli(PCMMA%29-ko–MMA)'ın ^{13}C-NMR spektrumu (Şekil 3.15) 176 ppm ile 167 ppm deki sinyaller PCMMA birimlerindeki C=O, 61 ppm deki sinyal de MMA birimlerindeki oksijene bitişik metil karbonu (-OCH_3) için en karakteristik sinyalleri gösterirken, ^{1}H-NMR spektrumu (Şekil 3.14) 7,0-7,5 ppm'deki sinyaller aril protonlarını, 4.7 ppm'deki sinyal PCMMA'daki metilen protonlarını, 3.63 ppm'deki sinyal de MMA birimlerindeki –OCH_3- protonlarını gösterdi. Kopolimer bileşimi hesaplanırken aşağıdaki eşitlik kullanıldı.

$$\frac{m_1}{m_2} = \frac{\text{PCMMA birimindeki } OCH_2 \text{ protonlarinin integral yüksekligi}}{\text{EMA birimindeki } OCH_2 \text{ protonlarinin integral yüksekligi}}$$

Burada m_1 ve m_2 kopolimerde sirasiyla PCMMA ile EMA'in mol kesirleridir.

Kopolimer serisinde PCMMA birimleri arttıkça 7.0-7.5 ppm deki aril protonları ile 4.7 ppm deki OCH_2 protonlarının şiddetlerinde artış olduğu gözlendi. Yukarıdaki eşitlikten kopolimer bileşimleri PCMMA:MMA (% olarak): 89:11, 71:29, 52:48, 29:71, 23:77, 11:89 olduğu görüldü. ATRP metoduyla PCMMA'ın MMA ile hazırlanan bir seri kopolimerinin FT-IR spektrumlarında PCMMA için karakteristik olan en önemli bandlardan biri 1782 cm^{-1}'deki ester karbonilidir. Kopolimer bileşiminde PCMMA birimleri artıkça bu bandın şiddetinde de artış olduğu gözlendi (Şekil 3.16).

PCMMA-MMA kopolimer sistemi için monomer/başlangıç oranları, Mn ve Mw/Mn değerleri Tablo 4.1'de verilmiştir.

Tablo 4.1 Değişik monomer oranlarında bir seri PCMMA ile MMA'ın kopolimerizasyonu, kopolimer bileşimi ve GPC verileri

Örnek No	M_1[b]	PCMMA birimlerindeki $-OCH_2-$ protonların integral yük.	MMA birimlerindeki $-OCH_3$ protonların integral yük.	m_1[c]	PD (Mw/Mn) (GPC)
1	0.90	2	28	0.89	1.90
2	0.70	5	26	0.71	1.89
3	0.50	5	19	0.52	1.38
4	0.30	8	11	0.29	1.28
5	0.20	8	5	0.23	1.38
6	0.10	16.5	3	0.11	-

a: Kopolimerizasyon şartları; [PCMMA]:[MMA]:[CuBr]:[bpy]=10:90:1:1:2, 110°C'de

b: Başlangıçtaki PCMMA'nın mol fraksiyonu, c: Kopolimerdeki PCMMA'nın mol fraksiyonu

Kopolimerlerde PCMMA'ın artan molar fraksiyonuyla sayıca-ortalama molekül ağırlığının azaldığı gözlendi. Poli(PCMMA-ko-MMA) sisteminde MMA birimlerinin artışıyla kopolimerde ortalama molekül ağırlığının azalması, polimerizasyonda MMA birimlerinin kontrollü polimerizasyonda önemli rol oynadığını gösteriyor. Sonlanan kopolimerler biraz geniş polidispersiteyi (1,13<Mw/Mn<1,90) gösterdi. Bir başka ifadeyle PCMMA monomeri kopolimerizasyonda molekül ağırlığının yüksek oluşunu sağlarken, polidispersitenin yüksek olması polimerizasyonun biraz kontrolsüz yürümesine neden olduğu anlamındadır. Bu durum ATRP şartlarında elde edilen kopolimerizasyonun kontrollü yürüdüğü yanısıra ATRP sırasında sonlanma-transfer reaksiyonları ve zincir kırılması gibi yan reaksiyonların ihmal edildiğini de göstermektedir. Literatürde kopolimerizasyon sırasında sonlanma, zincir transfer ve zincir kırılması gibi yan reaksiyonların yüksek polimerizasyon dönüşümüne kadar ihmal edilebildiği Chen ve arkadaşları [53] tarafından da belirtilmiştir. Kopolimerlerin GPC eğrileri Şekil 3.17 ve 18 de verilmiştir. Kopolimer bileşimine bağlı olarak %PCMMA mol kesrine karşı Mn grafiği 3.19 da verilmiştir.

Kopolimer bileşimleri ^{1}H-NMR spektrumlarıyla belirlendi. ATRP yoluyla hazırlanan kopolimerlerin ^{1}H-NMR spektrumları Şekil 3.14'de gösterildi. 4,7 ppm ve 4,02 ppm deki sinyaller PCMMA ve MMA birimlerindeki sırasıyla $-OCH_2-$ ve CH_3 protonlarına aittir. Bu sinyallerin integral yüksekliklerinden kopolimer bileşimleri hesaplandı.

ATRP yoluyla PCMMA ile MMA'ın monomer reaktivite oranlarını belirlemek amacıyla Kelen-Tüdös ve Fineman-Ross eşitlikleri kullanıldı. Kelen-Tüdös eşitliğinden, [η = (r_1+ r_2 /) ξ - r_2 /],. η karşı ξ grafiğe alındı (Şekil 3.20). Fineman-Ross yöntemiyle de $G = r_1.F - r_2$ eşitliğine göre F'in bir fonksiyonu olarak G grafiği çizildi. Her iki yöntemde grafiklerin doğru denklemlerini kullanılarak PCMMA ve MMA'ın Tablo 4.2 deki gibi monomer reaktivite oranları hesaplandı.

Tablo 4.2 K-T ve F-R metodlarıyla hesaplanan monomer reaktivite oranları

Sistem	Metod	r_1[a]	r	$r_1.r_2$
Atom transfer radikal kopolimerizasyonu	K-T	0,73	0.67	0.49
	F-R	0,79	0.83	0.65

[a] r_1 : PCMMA'nın monomer reaktivite oranıdır.

Tablo 4.2'den görüldüğü gibi her iki yönteme göre PCMMA'ın monomer reaktivite oranı MMA'ın kine göre biraz büyük olduğu görüldü. Monomer reaktivite oranları, PCMMA uçlu büyüyen radikallerin MMA monomerine katılma eğilimi gösterirken, MMA uçlu radikallerin de PCMMA monomerini katmayı tercih ettiğini gösteriyor. Kopolimer zinciri boyunca merlerin dağılımı random olmakla beraber PCMMA birimlerince daha zengin olduğu anlaşılmaktadır.

Fenoksikarbonil metilmetakrilat ile etil metakrilat'ın blok kopolimeri iki basamakta ATRP metodu kullanılarak gerçekleştirildi. Önce makrobaşlatıcı olarak brom zincir uçlu polifenoksikarbonil metilmetakrilat ATRP şartlarında hazırlandı. GPC ile poli(PCMMA)'ın Mn=32700, Mw/Mn=1,53 olarak belirlendi. Hazırlanan bu polimer makrobaşlatıcı rolünde kullanılarak etil metakrilat ile blok kopolimeri 110 °C'de gerçekleştirildi. GPC ile blok kopolimerin Mn=41500 olduğu görüldü. Bu durum molekül ağırlığının kontrol edilebildiğini ve hemen hemen büyüyen Poli(PCMMA) zincirlerinin kopolimeriazyona teşebbüs ettiğini ve diblok kopolimer oluşumunda kullanıldığını gösteriyor. Blok kopolimerin ^{1}H-NMR spektrumu Şekil 3.11' de verildi. 4.03 ppm'deki sinyal EMA birimlerindeki oksijene bitişik metilen protonlarını karakterize ederken , 4.7 ppm'deki sinyal de PCMMA birimlerindeki ester karboniline bitişik CH_2 protonlarını karakterize etmektedir. Kopolimer bileşimi PCMMA birmlerini karakterize eden 4.7 ppm deki sinyalin integral yüksekliği EMA'ınkine oranlarak hesaplandı. Poli(PCMMA-b-EMA)'ın ^{1}H-NMR spektrumu kopolimerdeki EMA ve PCMMA birimlerinin sırasıyla %65 ve %35 olduğunu gösterdi. Diğer taraftan, GPC verilerine göre blok kopolimerde EMA birimlerinin %34 olduğu hesaplandı. Bu sonucun ^{1}H-NMR verileriyle oldukça uyum içinde olduğu anlaşılmaktadır (ATRP ile blok kopolimer oluşum reaksiyonu Şema 4.2 de verilmiştir).

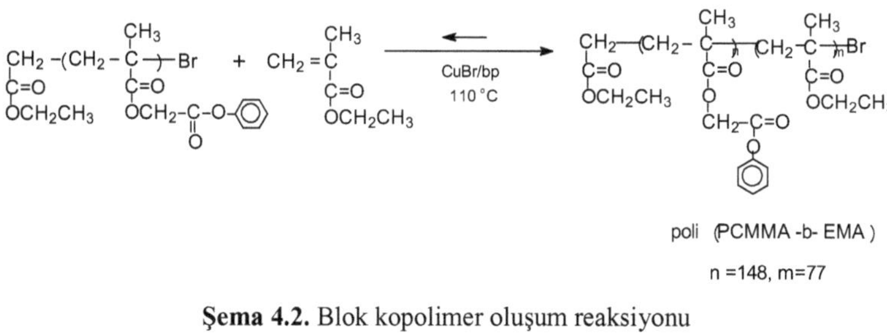

CuBr/bp
110 °C

poli (PCMMA -b- EMA)

n =148, m=77

Şema 4.2. Blok kopolimer oluşum reaksiyonu

Bloklaşma polimer çözünürlüğüyle de test edildi. Makrobaşlatıcı etil alkolde çökerken, polietilmetakrilat çözünüyor. Poli(PCMMA-b-EMA)'ın etilalkolde çökmesi EMA birimlerinin kimyasal bir bağla bloklaşmada yer aldığının bir kanıtıdır.

Homopolimer ve kopolimerlerin camsı geçiş sıcaklıkları DTA eğrileriyle belirlendi. ATRP yoluyla hazırlanan, PCMMA-MMA kopolimerinin Tg'leri 82-114 °C arasında ölçüldü. Aynı şartlarda hazırlanan PCMMA ve MMA homopolimerlerinki de sırasıyla 80 °C ve 123 °C'dir. PCMMA-MMA kopolimer, poli(PCMMA) ve poli(MMA)'ın Tg eğrileri Şekil 3.22'de gösterildi. Kopolimerde PCMMA'ın mol kesrinin bir fonksiyonu olarak Tg'lerine bağlı grafiği Şekil 3.23'de gösterildi. Kopolimerlerin gözlenen Tg değerleri lineerlikten negatif bir sapma göstermektedir. Bu da PCMMA ve MMA karışımınkinden biraz daha az serbest hacime sahip olmasıyla ilişkilidir. Poli(PCMMA-b-MMA) polimerinin Tg si 82 °C olarak ölçüldü. Bu sıcaklık poli(EMA) [54] ile poli(PCMMA)'ınki arasında olduğu anlaşıldı.

Homopolimer ve kopolimerin termal bozunma davranışları TG eğrileri kullanılarak karşılaştırmalı olarak verildi. ATRP metoduyla hazırlanan poli(PCMMA) poliEMA, iki farklı kopolimerlerin TG eğrileri Şekil 3.24'da verilmiştir. Diğer taraftan değişik oranlardaki kopolimerlerin TG verileri de Tablo 4.3'de özetlenmiştir.

Tablo 4.3. Polimerlerin TGA verileri

Polimerler	$^{a}T_{i}$	T%50	300°C'de %ağırlık kaybı	350°C'de %ağırlık kaybı	400°C'de %ağırlık kaybı
Poli(PCMMA) ATRP yoluyla	270	312	3	34	83
Poli(PCMMA)*	210	341	25	55	82
Poli[MMA]	272	365	3	35	83
Poli(PCMMA0.89-co -MMA)	227	358	10	45	14
Poli(PCMMA0.52- co-MMA)	243	363	15	35	15
Poli(PCMMA0.65- b-EMA)	236	361	9	39	8

Poli(PCMMA)*: Serbest radikal polimerizasyonuyla hazırlandı, a: Başlangıç bozunma sıcaklığı,

Serbest radikalik polimerizasyonla hazırlanan poli(PCMMA) iki basamaklı bozunma gösterirken, ATRP şartlarında hazırlanan poli(PCMMA) ve MMA ile olan kopolimerlerinin TG eğrileri tek kademeli bozunma gösterdi. Kopolimerlerde MMA birimleri artıkça termal kararlılıkta artış olduğu görüldü. Serbest radikalik yolla hazırlanan poli(PCMMA) 213 °C de başlangıç bozunma sıcaklığını gösterdi. Halbuki bu sıcaklık ATRP ile hazırlanankinde 270

^{o}C yi gösteriyor. Serbest radikalik yolla oluşan poli(PCMMA)'nın homopolimerizasyonu orantısız sonlanma ile doymuş ve doymamış uçlar içeren zincir yapılar oluşturmaktadır. Buna ilişkin sıcaklık artışı bozunmada bir allilik ve tersiyer radikal yapının oluşumuna neden olurken (Şema 4.3.) 300 ^{o}C'ye kadar monomer eliminasyonuyla bozunmanın devam ettiği anlaşıldı. Bu durum ATRP ile hazırlanan poli(PCMMA)'ınkinde doymamış uç grup yerine genellikle halojen zincir uçlu polimer verir. Bu durum serbest radikal başlatıcısıyla hazırlanankinden daha fazla kararlı olduğu anlamındadır.

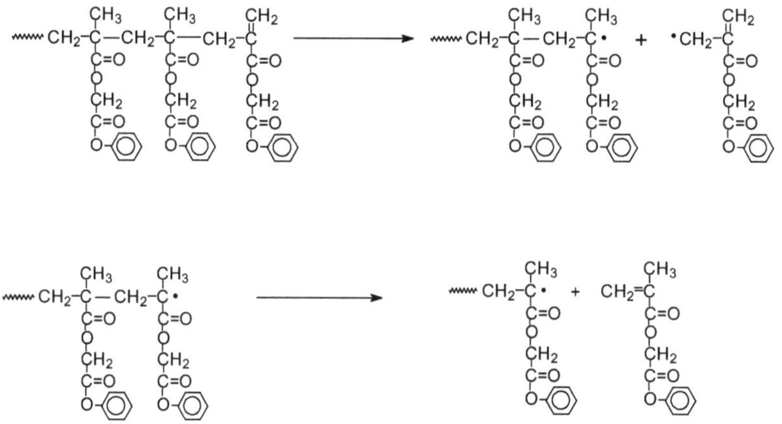

Şema 4.3. Poli(PCMMA)'ın başlangıç bozunmasını özetleyen bir mekanizma önerisi

ATRP ile hazırlanan poli(PCMMA) sodyumklorür pencere üzerinde ince bir film hazırlanarak argon atmosferinde 200 ^{o}C'den 450 ^{o}C'ye kadar ısıtıldı. Bu sıcaklıklarda kaydedilen FT-IR spektrumlar Şekil 3.25 de verilmiştir. Spektrumlardan da görüldüğü gibi 300 ^{o}C'ye kadar görülen bandlar orjinal polimerinkine göre (Şekil 3.6) köklü bir değişikliğin olmadığını gösteriyor. Bu durum bozunma ile poli(PCMMA)'ın depolimerizasyona uğradığını kanıtlamaktadır. Diğer taraftan Şema 4.3 de gösterilen monomer oluşum mekanizması da bu durumla oldukça uyum içinde olduğu anlamındadır.

5. KAYNAKLAR

[1] Moad, G.,Solomon, DH., 1995, The chemistry of free radical polymerization, Oxford: Pergamon.

[2] Matyjaszewki, K., Ed. Cationic polymerizations:mechanisms.synthesis and application.New York:Marcel Dekker.

[3] Szwarc, M., 1968,Carbanions,living polymer and electron transfer processes, New York :Intersciense.

[4] Hisieh, H.L.,Quirk, R.P., Anionic polymerization :principles and practical applications. New York:Marcel Dekker.

[5] Matyjaszewki, K., 1998, Ed. Controlled radical polymerization. Washington, DC: American Chemical Society.

[6] Matyjaszewski, K., nov.1999,Transition metal catalysis in controlled radical polymerization: Atom transfer radical polymerization, Chem-eur. J., 5 (11): 3095-3102

[7] Patent, T.E., Matyjaszewski, K., oct. 1999, Copper (I) - catalyzed atom transfer radical polymerization accounts chem. Res. 32 (10): 895-903

[8] Matyjaszewki, K., 2000 , Ed. Controlled / living radical polymerization. Washington, DC: American Chemical Society.

[9] Otsu, T., Yoshıda, M., 1982, Role of ınıtıator-transfer agent-termınator (ınıferter) ın radıcal polymerızatıons - polymer desıgn by organıc dısulfıdes as ınıferters, makromol chem-rapıd 3 (2): 127-132 .

[10] Naır, C.P.R., Clouet, G., 1991, Thermal ınıferters - theır concept and applıcatıon ın free-radıcal polymerızatıon, j macromol scı. Rev Macramol. Chem. Phys. C31 (2-3): 311-340 .

[11] Hawker, CJ.,30Nov.1994, Molecular-weıght control by a lıvıng free-radıcal polymerızatıon process,J Am. Chem. Soc. 116 (24): 11185-11186 .

[12] Greszta, D, Matyjaszewski, K., Jul 15 1997, Tempo-mediated polymerization of styrene : Rate enhancement with dicumyl peroxide,J. Polym. Scı. Pol. Chem. 35 (9): 1857-1861

[13] Puts, R.D., Sogah, D.Y., apr 22 1996 , Control of living free - radical polymerization by a new chiral nitroxide and implications for the polymerization mechanism,Macromolecules 29 (9): 3323-3325.

[14] Goto , A . , Fukuda , T . , Feb. 9 1999 , Kinetic study on nitroxide - mediated free radical polymerization of tert-butyl acrylate, Macromolecules, 32 (3): 618-623.

[15] Farcet, C., Lansalot, M., Charleux, B., et al. , Nov. 14 2000 , Mechanistic aspects of nitroxide-mediated controlled radical polymerization of styrene in miniemulsion, using a water-soluble radical initiator,Macromolecules, 33 (23): 8559-8570.

[16] Burguiere,C.,Dourges,M.A.,Charleux,B.,et al., Jun. 15 1999, Synthesis and characterization of omega–unsaturated poly(styrene-b-n-butyl methacrylate) block copolymers using tempo-mediated controlled radical polymerization,Macromolecules, 32 (12): 3883-3890 .

[17] Benoit, D., Chaplinski, V., Braslau, R., et al., Apr. 28 1999, Development of a universal alkoxyamine for "living" free radical polymerizations,J Am. Chem. Soc., 121 (16): 3904-3920

[18] Benoit, D., Grimaldi, S., Robin, S., et al., Jun 28 2000 Kinetics and mechanism of controlled free-radical polymerization of styrene and n-butyl acrylate in the presence of an acyclic beta-phosphonylated nitroxide ,J. Am. Chem. Soc., 122 (25): 5929-5939

[19] Wayland , B. B., Poszmık, G., Mukerjee, S.L., et al. , 24 aug. 1994, Lıvıng Radıcal Polymerızatıon of acrylates by Organocobalt Porphyrın Complexes, J. Am. Chem. Soc., 116 (17): 7943-7944

[20] Gaynor, S. G. , Wang, J. S., Matyjaszewskı, K. , Nov. 20 1995 , Controlled Radıcal Polymerızatıon by Degeneratıve Transfer - Effect of The Structure of The Transfer agent, Macromolecules , 28 (24): 8051-8056 .

[21] Matyjaszewskı, K. , Gaynor , S. G. , Wang , J. S. , Mar. 13 1995 , Controlled Radıcal Polymerızatıons - The Use of Alkyl Iodıdes ın Degeneratıve Transfer, Macromolecules 28 (6): 2093-2095 . 22.Goto A, Ohno K, Fukuda T ., May. 5 1998 , Mechanism and kinetics of iodide - mediated polymerization of styrene,Macromolecules ,31 (9): 2809-2814.

[22] Lansalot, M. , Farcet, C., Charleux,B. , et al., Nov. 2 1999, Controlled free - radical miniemulsion polymerization of styrene using degenerative transfer, Macromolecules , 32 (22): 7354-7360.

[23] Chiefari, J. ,Chong,Y.K., Ercole, F.,et al.,Aug. 11 1998 , Living free-radical polymerization by reversible addition-fragmentation chain transfer: The Raft process,Macromolecules ,31 (16): 5559-5562.

[24] Kato, M. , Kamıgaıto, M. , Sawamoto, M. , et al. , Feb. 27 1995 , Polymerızatıon of Methyl-Methacrylate wıth The Carbon - Tetrachlorıde Dıchlorotrıs (Trıphenylphosphıne) Ruthenıum (II) Methylalumınum Bıs (2 , 6 – Dı – Tert – Butylphenoxıde) Inıtıatıng System - Possıbılıty of Lıvıng Radıcal Polymerızatıon,Macromolecules ,28 (5): 1721-1723.

[25] Wang, J.S., Matyjaszewskı, K., May . 24 1995 ,Controlled Lıvıng Radıcal Polymerızatıon - Atom-Transfer Radıcal Polymerızatıon ın The Presence of Transıtıon-Metal Complexes,J. Am. Chem. Soc. ,117 (20): 5614-5615.

[26] Patten, T. E . , Xia, J .H . , Abernathy, T., et al., May. 10 1996, Polymers with very low polydispersities from atom transfer radical polymerization,Scıence, 272 (5263): 866-868.

[27] Matyjaszewski , K., Patent, T.E., Xia, J.H. , Jan. 29 1997 , Controlled / "living " radical polymerization. Kinetics of the homogeneous atom transfer radical polymerization of styrene,
J. Am. Chem. Soc., 119 (4): 674-680.

[28] Qiu, J., Matyjaszewski, K., Sep. 22 1997 ,Polymerization of substituted styrenes by atom transfer radical polymerization,Macromolecules, 30 (19): 5643-5648.

[29] Davis, K.A., Paik, H.J., Matyjaszewski, K., Mar. 23 1999, Kinetic investigation of the atom transfer radical polymerization of methyl acrylate,Macromolecules, 32 (6): 1767-1776
.

[30] Wang, J.L. , Grimaud, T. , Matyjaszewski, K. , Oct. 20 1997, Kinetic study of the homogeneous atom transfer radical polymerization of methyl methacrylate, Macromolecules , 30 (21) : 6507-6512.

[31] Haddleton, D.M., Jasieczeki, C.B., Hannon, M.J., et al., Apr. 7 1997 , Atom transfer radical polymerization of methyl methacrylate initiated by alkyl bromide and 2-pyridinecarbaldehyde imine copper(I) complexes,Macromolecules, 30 (7): 2190-2193.

[32] Patten, T.E., Matyjaszewski, K., Aug. 20 1998 , Atom transfer radical polymerization and the synthesis of polymeric materials.Adv Mater 10 (12): 901-15.

[33]Matyjaszewskı, K., and XIA, J., 2001. Atom Transfer Radical Polimeryzation. Chem. Rev., 101: 2921-2930.

[34] Matyjaszewski, K., 1998. Controlled Radical Polymerization, ACS Symposium Series, American Chemical Society, Washington DC. 685s.

[35] Matyjaszewskı, K., Shıpp, A.D. and WANG, J., 1998. Synthesis of Acrylate and Methacrylate Block Copolymers Using Atom Transfer Radical Polymerization. Macromolecules, 31: 8005-8011.

[36] Coca, S., Matyjaszewski, K., May. 5 1997,Block copolymers by transformation of "living" carbocationic into "living" radical polymerization,Macromolecules ,30 (9): 2808-2810 .

[37] Nakagawa ,Y., Miller, P.J., Matyjaszewski ,K., Oct .1998,Development of novel attachable initiators for atom transfer radical polymerization . Synthesis of block and graft copolymers from poly(dimethylsiloxane) macroinitiators.,Polymer, 39 (21): 5163-5170 .

[38] Matyjaszewski, K., Miller, P.J., Fossum, E., et al., Oct-Nov 1998, Synthesis of block, graft and star polymers from inorganic macroinitiators, Appl. Organomet. Chem. 12 (10-11): 667-673 .

[39] Fukuda, T.,Goto, A.,1997,Gel Permeation Chromatographic Determination of Activation Rate Constant in Nitroxide- Controlled Free Radical Polymerization.2.Analysis ıf Evolution of Polidispersities, Macromol.Rapid.Comm.18(8),683-688.

[40] Matyjaszewski, K.,Davis, K.,Patent, T.E., et all.,1997,Observation and Analysis of a Slow Termination Process in the Atom Transfer Radical Polymerization of Stirene, Tetrahedron, 53(45),15321-15329.

[41] Matyjaszewski, K., 1998, Transformation of " Living" Carbocationic and Other Polymerizations to Controlled "Living" Radical Polymerization, Macromol.Symp., 132,85-101.

[42] Percec ,V., Barboiu ,B.,Neumann, A., et all. ,1996 , Metal Catalyzed " Living " Radical Polymerization of Stirene Initiated with Arenesulfonyl Chlorides.From Heterogeneous to Homogeneous Catalysis, Macromolecules,29(10),3665-3668.

[43] Matyjaszewski, K. (1998) Ed. Controlled radical polymerization Washington.DC: American Chemical Society.

[44] Matyjaszewski, K.(1999) Transition metal catalysis in controlled radical polymerization: Atom transfer radical polymerization, Chem Eur J., 5(11):3095-3102.

[45] Patent, TE, Matyjaszewski, K. (1999) Copper(I)-catalyzed atom transfer radical polymerization, Acc Chem Res.,32(10):895-903.

[46] Coessens, V., Pintauer, T., Matyjaszewski, K. (2001) Functional polymers by atom transfer radical polymerization, Prog. Polym. Sci. 26(3):337-377.

[47] Kato, M., Kamigaito, M., Sawamoto, M., Higashimura, T. (1995) Polymerızatıon Of Methyl-Methacrylate Wıth The Carbon-Tetrachlorıde Dıchlorotrıs (Trıphenylphosphıne)Ruthenıum(Iı) Methylalumınum Bıs(2,6-Dı-Tert-Butylphenoxıde) Inıtıatıng System - Possıbılıty Of Lıvıng Radıcal Polymerızatıon, Macromolecules 28(5):1721-1723.

[48] Granel, C, Dubois P, Jerome R, Teyssie P, 1996 Controlled radical polymerization of methacrylic monomers in the presence of a bis(ortho-chelated) arylnickel(II) complex and different activated alkyl halides, Macromolecules 29(27):8576:8582.

[49] Patten, TE., Matyjaszewski, K. (1998) Atom transfer radical polymerization the synthesis of polymeric materials, Adv Mater, 10:901-15.

[50] Kato, M., Kamigaito, M., Sawamoto, M., Higashimura, T. 1995 Polymerızatıon of methyl methacrylate wıth the carbon-tetrachlorıde dıchlorotrıs(trıphenylphosphıne)ruthenıum(ıı)methylalumınum bıs(2,6-dı-tert-butylphenoxıde) ınıtıatıng system - possıbılıty of lıvıng radıcal polymerızatıon, Macromolecules, 28(5),1721-1723.

[51] Wang, J.S. Matyjaszewski K.; Macromolecules (1995) controlled lıvıng radıcal polymerızatıon - halogen atom-transfer radıcal polymerızatıon promoted by a cu(ı)cu(ıı) redox process, 28(23), 7901-7910.

[52] Zhang, X., Matyjaszewski, K.(1999) Synthesis of functional polystyrenes by atom transfer radical polymerization using protected and unprotected carboxylic acid initiators, Macromolecules, 32(22):7349-7353.

[53] Chen Gq, Wu Zq, Wu Jr, Et Al. Synthesis Of Alternating Copolymers Of N-Substituted Maleimides With Styrene Via Atom Transfer Radical Polymerization, Macromolecules 33 (2): 232-234 Jan 25 2000.

[54]Demirelli K, Coskun M, Kaya E, Polymers based on benzyl methacrylate: Synthesis via atom transfer radical polymerization, characterization, and thermal stabilities JOURNAL OF POLYMER SCIENCE PART A-POLYMER CHEMISTRY 42 (23): 5964-5973 DEC 1 2004.

6. EKLER

EK-1

PCMMA'ın Atom Transfer Radikal polimerizasyonuyla değişik zamanlarda alınan FT-IR spektrumları

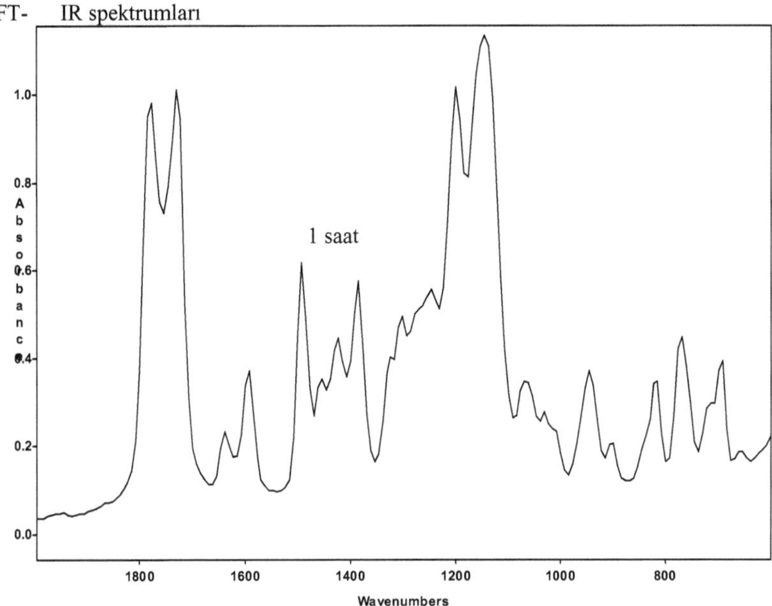

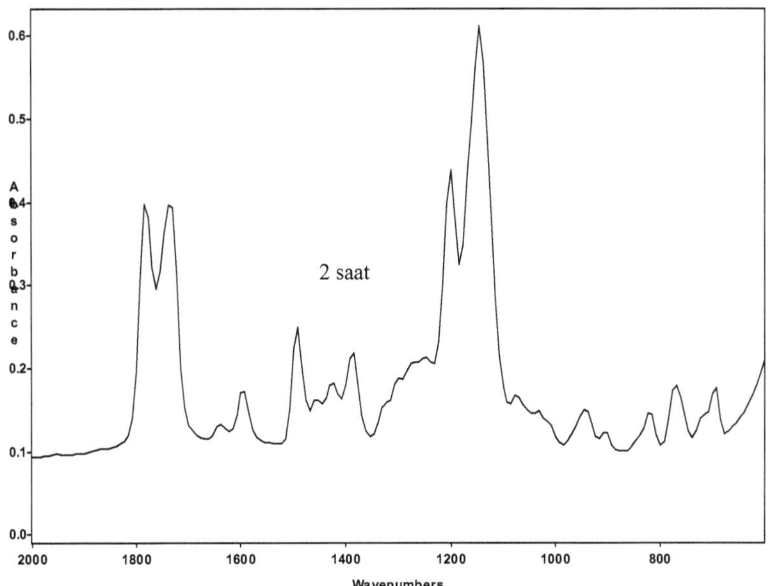

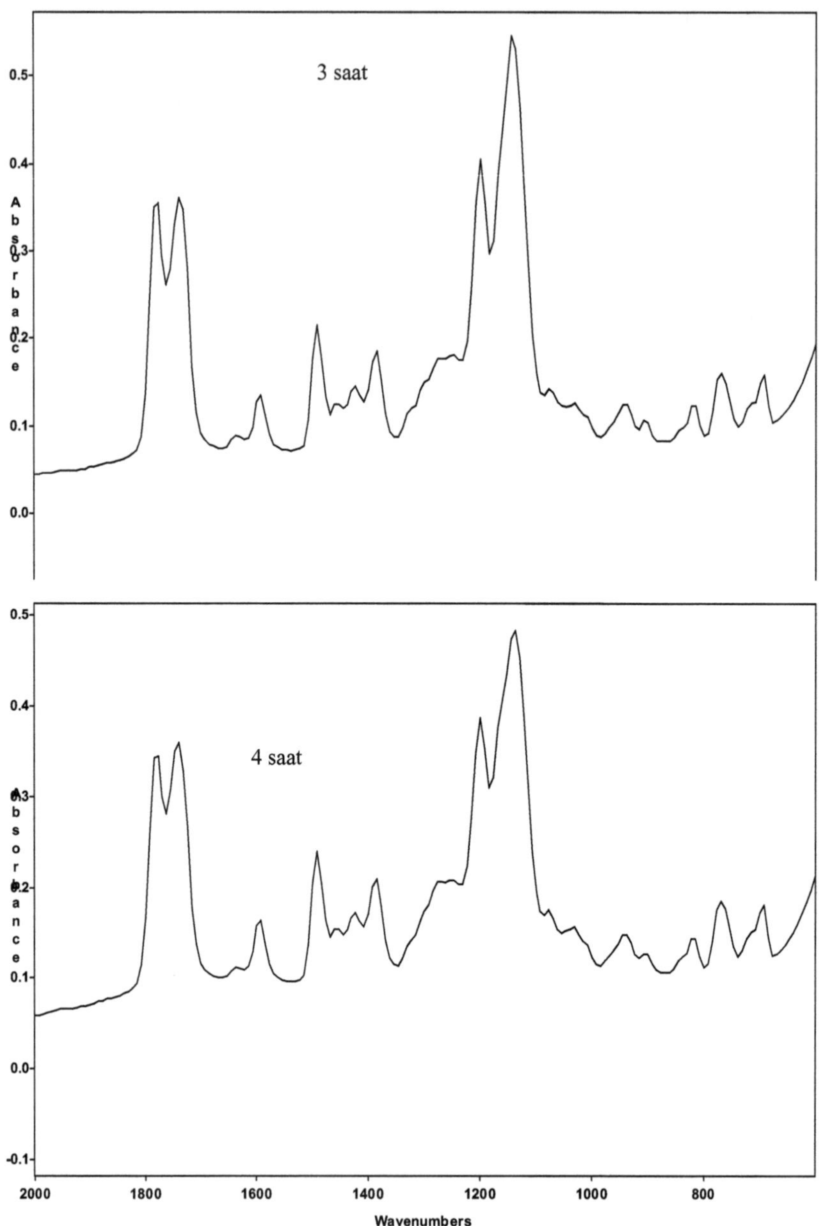
3 saat
4 saat
Absorbance
0.5
0.4
0.3
0.2
0.1
0.0
-0.1
2000
1800
1600
1400
1200
1000
800
Wavenumbers

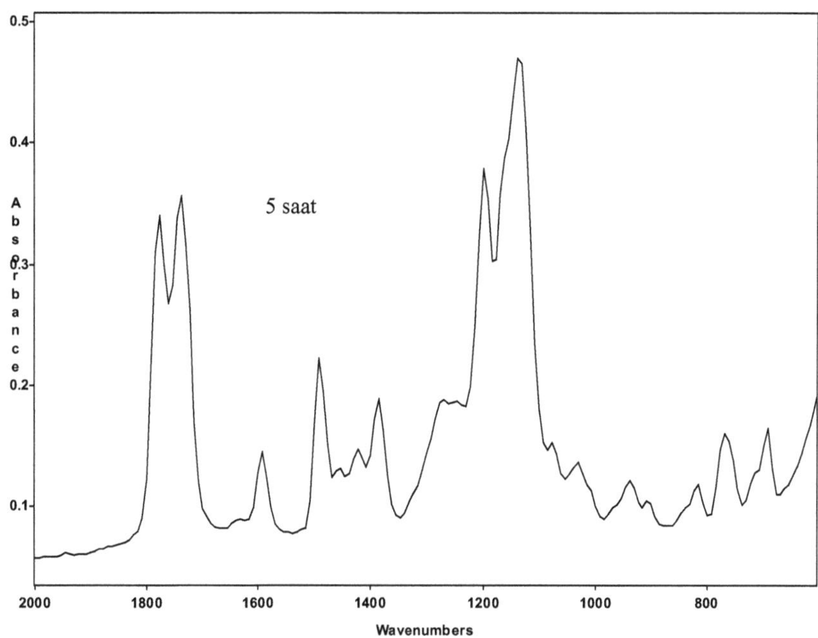
0.5
0.4
0.3
0.2
0.1
Absorbance
5 saat
2000
1800
1600
1400
1200
1000
800
Wavenumbers

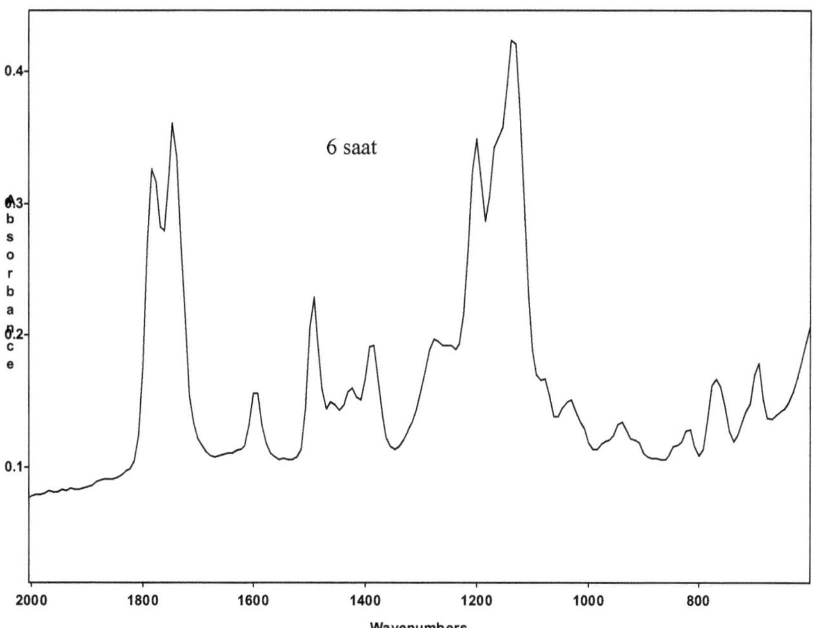
0.4
0.3
0.2
0.1
Absorbance
6 saat
2000
1800
1600
1400
1200
1000
800
Wavenumbers

MIX
Papier aus verantwortungsvollen Quellen
Paper from responsible sources
FSC® C105338

Printed by Books on Demand GmbH, Norderstedt / Germany